全国职业培训推荐教材
人力资源和社会保障部教材办公室评审通过
适合于职业技能短期培训使用

焊条电弧焊基本技能

中国劳动社会保障出版社

图书在版编目(CIP)数据

焊条电弧焊基本技能/李晓霞主编. —北京：中国劳动社会保障出版社，2009

职业技能短期培训教材

ISBN 978-7-5045-7659-0

Ⅰ. 焊… Ⅱ. 李… Ⅲ. 焊条-电弧焊-职业教育-教材 Ⅳ. TG444

中国版本图书馆 CIP 数据核字(2009)第 113429 号

中国劳动社会保障出版社出版发行

(北京市惠新东街 1 号 邮政编码：100029)

出 版 人：张梦欣

*

中国标准出版社秦皇岛印刷厂印刷装订 新华书店经销
850 毫米×1168 毫米 32 开本 5.625 印张 138 千字
2009 年 7 月第 1 版 2023 年 11 月第 5 次印刷

定价：10.00 元

营销中心电话：400-606-6496

出版社网址：http://www.class.com.cn

版权专有 侵权必究

如有印装差错，请与本社联系调换：(010) 81211666
我社将与版权执法机关配合，大力打击盗印、销售和使用盗版图书活动，敬请广大读者协助举报，经查实将给予举报者奖励。

举报电话：(010) 64954652

前言

职业技能培训是提高劳动者知识与技能水平、增强劳动者就业能力的有效措施。职业技能短期培训,能够在短期内使受培训者掌握一门技能,达到上岗要求,顺利实现就业。

为了适应开展职业技能短期培训的需要,促进短期培训向规范化发展,提高培训质量,中国劳动社会保障出版社组织编写了职业技能短期培训系列教材,涉及二产和三产百余种职业(工种)。在组织编写教材的过程中,以相应职业(工种)的国家职业标准和岗位要求为依据,并力求使教材具有以下特点:

短。教材适合15~30天的短期培训,在较短的时间内,让受培训者掌握一种技能,从而实现就业。

薄。教材厚度薄,字数一般在10万字左右。教材中只讲述必要的知识和技能,不详细介绍有关的理论,避免多而全,强调有用和实用,从而将最有效的技能传授给受培训者。

易。内容通俗,图文并茂,容易学习和掌握。教材以技能操作和技能培养为主线,用图文相结合的方式,通过实例,一步步地介绍各项操作技能,便于学习、理解和对照操作。

这套教材适合于各级各类职业学校、职业培训机构在开展职业技能短期培训时使用。欢迎职业学校、培训机构和读者对教材中存在的不足之处提出宝贵意见和建议。

人力资源和社会保障部教材办公室

简介

本书从认识焊接和焊接方法入手，介绍了安全和劳动保护、焊条选用、焊接电源、焊条电弧焊工艺参数等焊接基础知识；在焊接实践练习部分，对各种焊缝进行了成形分析，对各种焊接的操作步骤进行了详细讲述，并对操作要领进行了提炼；在焊接质量控制部分，主要讲述了焊接应力与变形及其控制措施、焊接缺陷及其防止措施，以及焊接检验。

本书在编写过程中充分考虑培训对象的实际情况，用通俗的语言和直观的图形，帮助学员更快、更好地掌握焊接操作技能。

本书由李晓霞主编，胡丽华、张金艳参编。

目录

第一单元　焊接基础知识 …………………………… (1)

模块一　认识焊接和焊接方法 …………………… (1)
模块二　焊接安全与劳动保护 …………………… (11)
模块三　焊条的选用 ……………………………… (18)
模块四　焊接电弧及焊接电源 …………………… (26)
模块五　焊接接头与焊缝符号 …………………… (36)
模块六　焊条电弧焊工艺参数 …………………… (56)
模块七　常用金属材料的焊接 …………………… (61)

第二单元　焊接实践练习 …………………………… (74)

模块一　焊接设备与工具 ………………………… (74)
模块二　引弧与平敷焊 …………………………… (81)
模块三　钢板T形接头（十字接头）平角焊 …… (85)
模块四　钢板T形接头（十字接头）立角焊 …… (88)
模块五　钢板V形坡口对接平位单面焊双面成形 … (91)
模块六　钢板V形坡口对接立位单面焊双面成形 … (96)
模块七　钢板V形坡口对接横位单面焊双面成形 … (101)
模块八　钢管V形坡口对接垂直固定单面焊
　　　　双面成形 ……………………………… (106)
模块九　钢管V形坡口对接水平固定单面焊
　　　　双面成形 ……………………………… (109)
模块十　管板垂直俯位焊 ………………………… (114)

模块十一　管板水平固定单面焊双面成形…………… (118)
　　模块十二　箱形梁的组对与焊接…………………………(122)

第三单元　焊接质量控制……………………………………(126)

　　模块一　焊接应力与变形……………………………………(126)
　　模块二　焊接缺陷……………………………………………(144)
　　模块三　焊接检验……………………………………………(154)

附录　焊接一般术语……………………………………………(162)
参考文献………………………………………………………(173)

第一单元 焊接基础知识

模块一 认识焊接和焊接方法

一、认识焊接

焊接是指通过适当的物理化学过程（加热或加压），使两个工件产生原子（或分子）之间结合力而连成一体的加工方法。

焊接是一种不可拆卸的连接方法，是金属热加工方法之一。焊接与铸造、锻压、热处理、金属切削等加工方法一样，是机械制造、石油化工、矿山、冶金、航空、航天、造船、电子等工业部门中的一种基本生产手段。

二、焊接方法的特点

1. 焊接方法的优点

（1）成形方便。焊接方法灵活多样，工艺简便，能在短时间内生产出复杂的焊接结构。

（2）适应性强。采取相应的焊接方法，既能生产微型、大型和复杂的金属构件，也能生产气密性好的高温、高压设备和化工设备。

（3）生产成本低。焊接加工快、工时少、生产周期短、生产效率高；可以制成双金属结构，以节省大量贵重金属。

（4）连接性能好。焊缝具有良好的力学性能，能耐高温高压、耐低温，具有良好的密封性、导电性、耐蚀性和耐磨性等。

（5）质量轻。从零件连接方式（见图1—1）可以看出：焊接件比铆接件、螺栓连接件都轻。

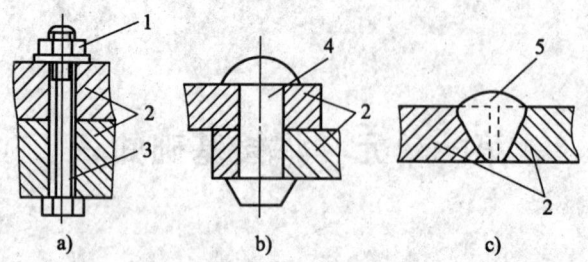

图 1—1 零件连接方式
a) 螺栓连接　b) 铆钉连接　c) 焊接
1—螺母　2—零件　3—螺栓　4—铆钉　5—焊缝

(6) 便于实现机械化和自动化。

2. 焊接方法的缺点

(1) 焊接结构不可拆卸，修理和更换不方便。

(2) 易产生焊接应力和焊接变形，影响工件的形状、尺寸和承载能力。

(3) 易产生焊接缺陷，如裂纹、未焊透、夹渣、气孔等，易引起应力集中，降低承载能力，缩短使用寿命。

(4) 焊接接头的组织和性能较差。

三、焊接方法的分类

焊接过程的本质，就是采用加热、加压或两者并用的办法，使两个分离表面的金属原子之间接近至晶格距离并形成结合力。按照焊接过程中金属所处的状态不同，可以把焊接方法分为熔焊、压焊和钎焊三类。

四、常用焊接方法

1. 电弧焊

电弧焊是目前应用最广泛的焊接方法。它包括手弧焊、埋弧焊、钨极气体保护电弧焊、等离子弧焊、熔化极气体保护电弧焊等。

绝大部分电弧焊是以电极与工件之间燃烧的电弧作热源。在形成接头时,可以采用也可以不采用填充金属。所用的电极是在焊接过程中熔化的焊丝时,叫做熔化极电弧焊,诸如手弧焊、埋弧焊、气体保护电弧焊、管状焊丝电弧焊等;所用的电极是在焊接过程中不熔化的碳棒或钨棒时,叫做非熔化极电弧焊,诸如钨极氩弧焊、等离子弧焊等。

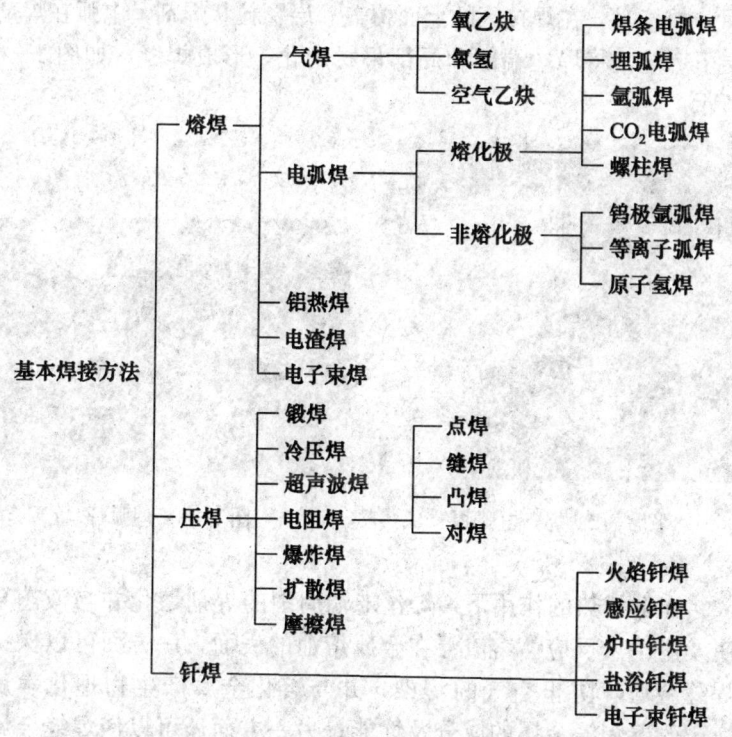

(1) 焊条电弧焊。焊条电弧焊是以外部涂有涂料的焊条作电极和填充金属,电弧是在焊条的端部和被焊工件表面之间燃烧,如图1—2所示。涂料在电弧热作用下一方面可以产生气体以保护电弧,另一方面可以产生熔渣覆盖在熔池表面,防止熔化金属与周围气体相互作用。熔渣更重要的作用是与熔化金属产生物理

化学反应或添加合金元素,改善焊缝金属性能。

焊条电弧焊设备简单、轻便,操作灵活。可以应用于维修及装配中的短缝的焊接,特别是可以用于难以达到的部位的焊接。手弧焊配用相应的焊条可适用于大多数工业用碳钢、不锈钢、铸铁、铜、铝、镍及其合金。

（2）埋弧焊。埋弧焊是以连续送进的焊丝作为电极和填充金属。焊接时,在焊接区的上面覆盖一层颗粒状焊剂,电弧在焊剂层下燃烧,将焊丝端部和局部母材熔化,形成焊缝,如图1—3所示。

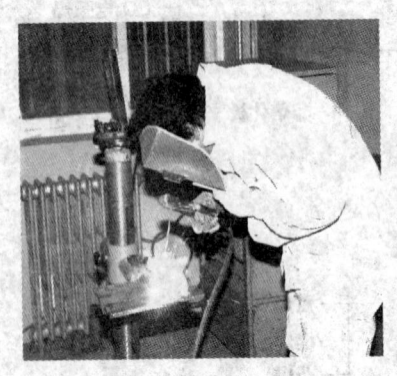
图1—2 焊条电弧焊

图1—3 埋弧焊

在电弧热的作用下,焊丝末端周围的焊剂熔化并与液态金属发生冶金反应。熔渣浮在金属熔池的表面,一方面可以保护焊缝金属,防止空气的污染,并与熔化金属产生物理化学反应,改善焊缝金属的成分及性能；另一方面还可以使焊缝金属缓慢冷却。

埋弧焊可以采用较大的焊接电流。与手弧焊相比,其最大的优点是焊缝质量好,焊接速度高。因此,它特别适于焊接大型工件的直缝和环缝,而且多数采用机械化焊接。

埋弧焊已广泛用于碳钢、低合金结构钢和不锈钢的焊接。由于熔渣可降低接头冷却速度,故某些高强度结构钢、高碳钢等也可采用埋弧焊焊接。

(3) 钨极气体保护电弧焊。钨极气体保护电弧焊是一种不熔化极气体保护电弧焊,是利用钨极和工件之间的电弧使金属熔化而形成焊缝的。焊接过程中钨极不熔化,只起电极的作用,同时由焊炬的喷嘴送进氩气或氦气作保护,还可根据需要另外添加金属,如图1—4所示为钨极气体保护电弧焊。

钨极气体保护电弧焊由于能很好地控制热输入,所以它是连接薄板金属和打底焊的一种极好方法。这种方法几乎可以用于所有金属的连接,尤其适用于焊接铝、镁这些能形成难熔氧化物的金属以及钛和锆这些活泼金属。这种焊接方法的焊缝质量较高。

(4) 等离子弧焊。等离子弧焊也是一种不熔化极电弧焊。它是利用电极和工件之间的压缩电弧(转移电弧)实现焊接的。所用的电极通常是钨极。产生等离子弧的等离子气可用氩气、氮气、氦气或其中两者的混合气,同时还通过喷嘴用惰性气体保护。焊接时可以外加填充金属,也可以不加填充金属。

钨极气体保护电弧焊可焊接的绝大多数金属,均可采用等离子弧焊接。与钨极气体保护电弧焊相比,对于1 mm以下极薄金属的焊接,用等离子弧焊可较易进行,如图1—5所示为等离子弧焊。

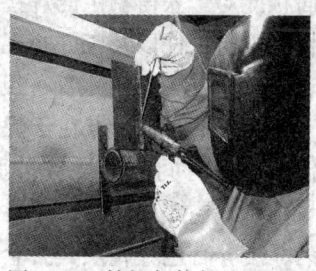

图1—4　钨极气体保护电弧焊

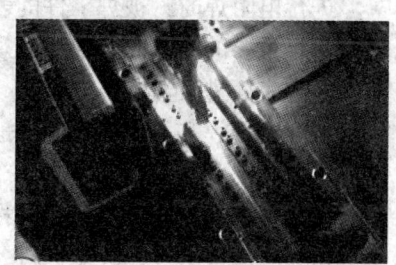

图1—5　等离子弧焊

(5) 熔化极气体保护电弧焊。这种焊接方法是利用连续送进的焊丝与工件之间燃烧的电弧作热源,由焊炬喷嘴喷出的气体保护电弧来进行焊接的。熔化极气体保护电弧焊通常用的保护气体有:氩气、氦气、CO_2 或这些气体的混合气。如图1—6所示为熔化极惰性气体保护电弧焊。

熔化极活性气体保护电弧焊可适用于大部分主要金属,包括碳钢、合金钢。熔化极惰性气体保护焊适用于不锈钢、铝、镁、铜、钛、锆及镍合金。利用这种焊接方法还可以进行电弧点焊。

(6) 管状焊丝电弧焊。管状焊丝电弧焊也是利用连续送进的焊丝与工件之间燃烧的电弧为热源来进行焊接的,可以认为是熔化极气体保护焊的一种类型。所使用的焊丝是管状焊丝,管内装有各种组分的焊剂。焊接时,外加保护气体,主要是 CO_2,焊剂受热分解或熔化,起造渣保护熔池、渗合金及稳弧等作用。

2. 电阻焊

电阻焊一般是使工件处在一定电极压力作用下,并利用电流通过工件时所产生的电阻热将两工件之间的接触表面熔化而实现连接的焊接方法。电阻焊通常使用较大的电流,为了防止在接触面上发生电弧并且为了锻压焊缝金属,焊接过程中始终要施加压力。

进行电阻焊时,被焊工件的表面状况对于获得稳定的焊接质量是头等重要的。因此,焊前必须将电极与工件以及工件与工件间的接触表面进行清理。

点焊、缝焊和凸焊(见图1—7~图1—9)的特点在于焊接电流(单相)大(几千至几万安培),通电时间短,设备昂贵、复杂,生产率高,因此,适于大批量生产,主要用于焊接厚度小于 3 mm 的薄板组件。各类钢材、铝、镁等有色金属及其合金均可采用电阻焊进行焊接。

图1—6 熔化极惰性气体保护电弧焊

图1—7 点焊

图1—8 缝焊

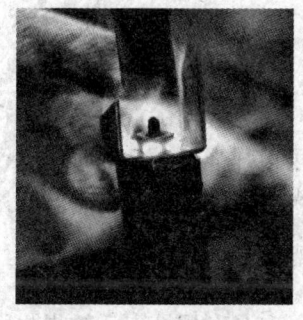
图1—9 凸焊

3. 高能束焊

这一类焊接方法包括：电子束焊和激光焊。

(1) 电子束焊。电子束焊是以集中的高速电子束轰击工件表面时所产生的热能进行焊接的方法，如图1—10所示。

电子束焊与电弧焊相比，主要的特点是焊缝熔深大、熔宽小、焊缝金属纯度高。它既可以用于很薄材料的精密焊接，又可以用于很厚构件（最厚达300 mm）的焊接。

(2) 激光焊。激光焊是将高强度的激光束辐射至金属表面，通过激光与金属的相互作用，使金属熔化形成焊接。这种焊接方法通常有连续功率激光焊和脉冲功率激光焊。如图1—11所示为脉冲功率激光焊。

图1—10　电子束焊　　　　图1—11　脉冲功率激光焊

激光焊的优点是不需要在真空中进行，缺点则是穿透力不如电子束焊强。激光焊时能进行精确的能量控制，因而可以实现精密微型器件的焊接。它能应用于很多金属，特别是能解决一些难焊金属及异种金属的焊接。

4. 钎焊

它是利用熔点比被焊材料的熔点低的金属作钎料，经过加热使钎料熔化，靠毛细管作用将钎料吸入到接头接触面的间隙内，润湿被焊金属表面，使液相与固相之间相互扩散而形成钎焊接头。因此，钎焊是一种固相兼液相的焊接方法。

钎焊加热温度较低，母材不熔化，而且也不需施加压力。但焊前必须采取一定的措施，清除被焊工件表面的油污、灰尘、氧化膜等，这是使工件润湿性好、确保接头质量的重要保证。

根据热源或加热方法的不同，钎焊可分为火焰钎焊、感应钎焊、炉中钎焊、浸沾钎焊、电阻钎焊等。如图1—12所示为空调器火焰钎焊。

钎焊可以用于焊接碳钢、不锈钢、高温合金、铝、铜等金属材料，还可以连接异种金属、金属与非金属。适于焊接受载不大或常温下工作的接头，对于精密的、微型的以及复杂的多钎缝的焊件尤其适用。

5. 其他焊接方法

这些焊接方法属于不同程度的专门化的焊接方法，其适用范围较窄。主要包括以电阻热为能源的电渣焊、高频焊；以化学能为焊接能源的气焊、气压焊、爆炸焊；以机械能为焊接能源的摩擦焊、冷压焊、超声波焊、扩散焊。

(1) 电渣焊。电渣焊是以熔渣的电阻热为能源的焊接方法。焊接过程是在立焊位置、在由两工件端面与两侧水冷铜滑块形成的装配间隙内进行，如图1—13所示。焊接时利用电流通过熔渣产生的电阻热将工件端部熔化。

图1—12 空调器火焰钎焊　　　　图1—13 电渣焊

电渣焊的优点是可焊的工件厚度大（30～2 000 mm），生产率高。主要用于大断面对接接头及丁字接头的焊接。

(2) 气焊。气焊是以气体火焰为热源的一种焊接方法，如图1—14所示。应用最多的是以乙炔气作燃料的氧—乙炔火焰。气焊设备简单、操作方便，但气焊加热速度及生产率较低，热影响区较大，且容易引起较大的变形。

气焊可用于很多黑色金属、有色金属及合金的焊接。一般适用于维修及单件薄板焊接。

(3) 气压焊。气压焊和气焊一样，也是以气体火焰为热源。焊接时将两个对接工件的端部加热到一定温度后，再施加足够的压力以获得牢固的接头，是一种固相焊接，如图 1—15 所示。

图 1—14　气焊　　　　　　图 1—15　气压焊

气压焊时不加填充金属，常用于铁轨焊接和钢筋焊接。

(4) 摩擦焊。摩擦焊是以机械能为能源的固相焊接。它是利用两表面间机械摩擦所产生的热来实现金属连接的。如图 1—16 所示。

摩擦焊生产率较高，原理上几乎所有能进行热锻的金属都能摩擦焊接。摩擦焊还可以用于异种金属的焊接。主要适用于横断面为圆形的最大直径为 100 mm 的工件。

(5) 超声波焊。超声波焊也是一种以机械能为能源的固相焊接方法。进行超声波焊时，焊接工件在较低的静压力下，由声极发出的高频振动能使接合面产生强烈摩擦并加热到焊接温度而形成结合。如图 1—17 所示。

超声波焊可以用于大多数金属材料之间的焊接，能实现金属、异种金属及金属与非金属间的焊接。可适用于金属丝、箔或 2～3 mm 以下的薄板金属接头的生产。

(6) 扩散焊。扩散焊一般是以间接热能为能源的固相焊接方法。通常是在真空或保护气氛下进行。焊接时使两被焊工件的表面在高温和较大压力下接触并保温一定时间，以达到原子间距离，经过原子相互扩散而结合。焊前不仅需要清洗工件表面的氧化物等杂质，而且表面粗糙度要低于一定值才能保证焊接质量。

 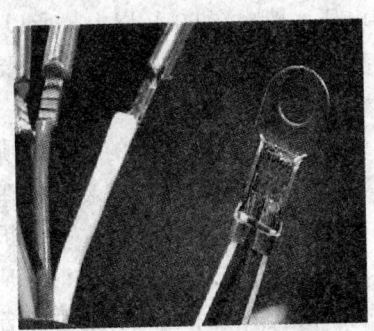

图 1—16　摩擦焊　　　　　图 1—17　超声波焊

扩散焊对被焊材料的性能几乎不产生有害作用。它可以焊接很多同种和异种金属以及一些非金属材料，如陶瓷等。扩散焊可以焊接复杂的结构及厚度相差很大的工件。

模块二　焊接安全与劳动保护

一、预防触电的安全技术

1. 安全电压

电流通过人体时，会对人产生不同程度的伤害，当电流超过 0.05 A 时，就有生命危险。0.1 A 电流通过人体 1 s 就足以使人丧命。

通过人体电流的大小，决定于外加电压的高低和人体电阻的大小。一般情况下人体电阻为 1 000～1 500 Ω。除自身电阻外还附加有衣服和鞋袜等的电阻。如站在干燥的场地上，穿着干燥的衣服和鞋，电阻就明显地增高；人在过度疲劳或神志不清的状态下，人体电阻也会下降。当人体电阻降到 800 Ω 时，40 V 电压对人就有生命危害。所以通常把 36 V 电压作为安全电压。

焊接所用的设备电源大都采用 380 V 或 220 V 的电压，空载电压一般也在 60 V 以上。所以，焊工首先要防止触电，特别是在阴雨天或潮湿的地方工作更要注意加强防护。

2. 预防触电的安全措施

（1）电焊机机壳的接地必须良好。

（2）焊接设备的安装、修理和检查必须由电工来做。电焊机在使用中发生故障，应立即切断电源，通知电工检查修理。

（3）焊工开合刀开关时，应戴绝缘手套，头部不要正对开关，防止因短路造成的电弧烧伤面部。

（4）电焊钳应有可靠的绝缘。焊接完毕后，电焊钳要放在可靠的地方再切断电源。电焊钳的握柄必须用电木、橡胶、塑料等绝缘材料制成。

（5）在管道、容器内焊接或在其他狭窄的工作场地焊接时，焊工可采用绝缘衬垫（橡胶垫）来保证焊工与焊接件的绝缘。焊工要穿干燥的胶底鞋工作，还应安排两人轮换工作，以便互相照应。

（6）确保焊接电缆绝缘良好，不要把电缆放在电弧附近或炽热的焊缝上，防止高温损坏绝缘层。

（7）换焊条时要戴好防护手套。在潮湿场地工作时，应穿戴好绝缘鞋和绝缘手套，脚下应放置干燥木板或绝缘橡胶后方可工作。

（8）在锅炉和压力容器内焊接或在管道地沟中焊接时，要使用安全工作灯，电压不超过 36 V。

（9）工作中当有人触电时，不要直接用手拉触电者，应迅速切断电源。如触电者已处于昏迷状态，要立即进行人工呼吸或心脏按压，并尽快送医院抢救。

(10) 焊工要熟悉和掌握有关电的基本知识、预防触电措施及触电后的急救方法等,严格遵守有关部门制定的安全措施,防止触电事故发生。

二、焊工安全技术

1. 预防电弧光的伤害

焊接电弧的伤害主要是由电弧产生的紫外线、红外线和可见光造成的。

焊接电弧产生的紫外线对焊工是有害的,即使短时间照射,也会引起眼睛畏光、流泪、剧痛等症状,重者可导致电光性眼炎。紫外线还可能烧伤皮肤,有灼热感,使皮肤红肿、发痒、脱皮。焊接电弧可见光的光度,比眼睛能正常承受的光度大 10 000 倍左右。受到强可见光的照射,会使眼睛发花、疼痛,通常称为"晃眼"。眼睛受到强红外线的辐射,会有灼痛感,时间过长会引起白内障。

预防弧光的伤害应采取如下措施:

(1) 焊工必须使用带有电焊防护玻璃的面罩。防护玻璃号码应按个人的具体情况及所使用的电流大小进行选择。

(2) 焊接时焊工要穿白色帆布工作服,扣好纽扣,防止强烈的弧光灼伤皮肤。

(3) 电焊打弧时要注意周围的人,防止弧光伤害他人的眼睛。装配定位焊时,装配工和焊工要很好地配合,戴防护镜,防止造成电光性眼炎,在人多的地方焊接,应使用屏风板挡住弧光。

2. 防止烫伤、烧伤和火灾

焊接、切割时金属的飞溅极易引起烫伤,飞溅金属和乱扔焊条头也容易引起火灾。因此,一般要采取下列措施:

(1) 焊工应按劳动部门颁发的有关规定使用劳保用品,穿工作服、戴工作帽、戴皮手套,脚部应有鞋盖保护或穿工作皮鞋。工作服和手套不应破损、潮湿,以防触电或火花溅入引起烫伤。

(2) 长时间进行仰焊时,应穿皮上衣或戴皮套袖。更换焊条时,应戴好手套,敲渣时,必须戴防护眼镜。

(3) 禁止在储存有易燃易爆物品的房间或场地、容器上焊接。在可燃物品附近焊接时,应保证远离可燃物品 10 m 以外,并要有防火材料遮挡。

(4) 焊工在高空作业时,应仔细观察焊接处的下面是否有人和易燃物,防止金属飞溅造成下面人员烫伤或发生火灾。

(5) 有接地线的结构,在焊前应将接地线拆除。防止由于焊接回路接触不良,使接地线变为焊接回线,烧毁接地线,引起火灾。

(6) 切割作业不宜直接在水泥地上进行,必须垫高 100 mm 以上,防止切割中氧化熔渣被吹起飞溅伤人。

(7) 禁止用氧气代替压缩空气吹净工作服、乙炔管道或作为试压和气动工具的气源。禁止用氧气对局部焊接部位通风换气。

3. 预防爆炸、中毒及其他伤害

(1) 严禁在内部有压力的容器上焊接,距离焊接处 10 m 以内不要放置易爆物品。

(2) 焊接带油的容器和管道必须将油放尽,并用碱水和热水冲洗干净。

(3) 焊接工作场地应设置良好的通风设备。在锅炉或容器内焊接,应配置抽风机更换容器内的空气,以防焊工中毒或由于高温昏倒在容器中。

(4) 清除焊渣、铁锈、毛刺、飞溅物时,应戴好手套和保护眼镜,并注意周围工作人员,防止渣壳或飞溅物飞出造成损伤。

(5) 焊接电缆要扎在固定物上,切勿背在肩上。5 m 以上的高空作业,要系安全带,必要时焊接处要用钢栏围起来。焊工用的焊条、清渣锤、钢丝刷、面罩要妥善安放,以免掉下伤人。

(6) 露天作业时遇有六级以上大风或下雨时应停止焊接、切割作业。

三、场地、设备的安全检查

1. 场地的安全检查

由于焊接场地不符合安全要求而造成的火灾、爆炸、触电等事故时有发生,破坏性和危害性很大。要防患于未然,必须对焊接场地进行检查。

(1) 焊接与切割作业点的设备、工具、材料是否排列整齐。

(2) 焊接场地是否保持必要的通道,且车辆通道宽度不小于 3 m;人行通道宽度不小于 1.5 m。

(3) 所有气焊胶管、焊接电缆线是否互相缠绕,如有缠绕,必须分开;气瓶用后是否已移出工作场地。

(4) 检查焊工作业面积是否足够,焊工作业面积不应小于 4 m^2,且地面应干燥。工作场地要有良好的自然采光或局部照明。

(5) 检查焊接场地周围 10 m 范围内,各类可燃、易爆物品是否清除干净。如不能清除干净,应采取可靠的安全措施,如用水喷湿或用防火盖板、湿麻袋、石棉布等覆盖。

(6) 室内作业应检查通风是否良好。多点焊接作业或与其他工种混合作业时,各工位间应设防护屏。

(7) 室外作业现场要检查如下内容:登高作业现场是否符合安全要求;在地沟、坑道、检查井、管段和半封闭地段等处作业时,应严格检查有无爆炸和中毒危险,应该用仪器(如测爆仪、有毒气体分析仪)进行检验分析,禁止用明火及其他不安全的方法进行检查。对附近敞开的孔洞和地沟,应用石棉板盖严,防止火花进入。

2. 设备的安全检查

(1) 设备安全检查的必要性。焊接工作前,应先检查焊机和工具是否安全可靠,这是防止触电事故及其他设备事故的重要环节。

(2) 焊条电弧焊施焊前对设备检查的项目

1) 检查焊机的一次、二次绕组绝缘与接地情况。应检查绝缘的可靠性、接线的正确性、电网电压是否与电源的铭牌吻合。

2) 检查焊机接地的可靠性。

3) 检查噪声和振动情况。

4) 检查焊接电流调节装置的可靠性。

5) 检查是否有绝缘烧损。

6) 检查是否短路，焊钳是否放在被焊工件上。

总之，焊接作业污染种类多、危害大，应从污染源、传播途径、个人防护等多方面进行综合治理。在保证焊接质量的前提下，结合实际情况制定切实可行的防治对策，防止有害因素的影响，创造安全、卫生、舒适的劳动环境。

四、劳动保护用品及使用

1. 劳动保护用品的种类

(1) 工作服。焊接工作服的种类很多，最常用的是棉白帆布工作服。白色对弧光有反射作用，棉帆布有隔热、耐磨、防止烧伤和烫伤等作用。焊接与切割作业的工作服，不能用一般合成纤维织物制作。全位置焊接工作的焊工应配有皮制工作服。

(2) 焊工防护手套。焊工防护手套具有绝缘、耐辐射热、耐磨、不易燃和对高温金属飞溅物能起反弹等作用。在可能导电的焊接场所工作时，所用手套应经 3 000 V 耐压试验，合格后方能使用。

(3) 焊工防护鞋。焊工防护鞋应具有绝缘、抗热、不易燃烧、耐磨损和防滑的性能，焊工防护鞋的橡胶鞋底经 5 000 V 耐压试验，合格（不击穿）后方能使用。如在易燃易爆场合焊接时，鞋底不应有鞋钉，以免产生摩擦火星。在有积水的地面焊接、切割时，焊工应穿经过 6 000 V 耐压试验合格的防水橡胶鞋。

(4) 焊接防护面罩。焊接防护面罩上有满足作业条件的滤光镜片，起防止焊接弧光、保护眼睛的作用。壳体应选用阻燃或不燃且不刺激皮肤的绝缘材料制成，应遮住脸面和耳部，结构牢靠，无漏光，起防止弧光辐射和熔融金属飞溅物烫伤面部和颈部的作用。在狭窄、密闭、通风不良的场合，还应采用输气式头盔或送风头盔。

（5）防尘面罩和防毒面具。在焊接、切割作业时，当采用整体或局部通风不能使烟尘浓度降低到容许浓度标准以下时，必须选用合适的防尘口罩和防毒面具，过滤或隔离烟尘和有毒气体。

（6）耳塞、耳罩和防噪声盔。国家标准规定作业场所的噪声不应超过 85 dB。为了消除和降低噪声，经常采取隔声、消声、减振等一系列噪声控制措施。当仍不能将噪声降低到允许标准以下时，则应采用耳塞、耳罩或防噪声盔等个人噪声防护用品。

2. 劳动保护用品的正确使用

（1）正确穿戴工作服。穿着工作服时要把衣领和袖子扣扣好，上衣不应系在工作裤里边，工作服不应有孔洞等破损，不允许粘有油脂，不允许穿着潮湿的工作服。

（2）在仰焊、切割时，为了防止火星、熔渣从高处溅落到头部和肩上，焊工应在颈部围毛巾，穿着用防燃材料制成的护肩、长套袖、围裙和鞋盖。

（3）电焊手套和焊工防护鞋不应潮湿和破损。

（4）选择好焊接防护面罩上护目镜的遮光号。

（5）采用输气式头盔或送风头盔时，应经常使面罩内保持适当的正压，若在寒冷季节，应将空气适当加温后再供人使用。

（6）佩戴各种耳塞时，要将塞帽部分轻轻推入外耳道内，使它和耳道贴合，不要用力太猛或塞得太紧。

（7）使用耳罩时，应先检查外壳有无裂纹和漏气，使用时务必使耳罩软垫圈与周围皮肤贴合。

模块三　焊条的选用

一、焊条的组成及作用

焊条电弧焊中使用的涂有药皮的熔化电极称为焊条。它由焊芯和药皮两部分组成。

1. 焊芯

焊条中被药皮包覆的金属芯叫焊芯。焊芯的作用是在焊接时传导电流产生电弧并熔化，成为焊缝的填充金属。为保证焊缝的质量，对焊芯的质量要求很高。

平常所说的焊条直径实际是指焊芯的直径。焊芯的规格见表1—1。焊芯直径、焊芯材料决定焊条允许通过的电流。

表1—1　　　　　焊条尺寸规格　　　　　　　mm

焊条直径		焊条长度	
基本尺寸	极限偏差	基本尺寸	极限偏差
1.6	±0.06	200～250	±2.0
2.0		250～350	
2.5	±0.05	350～450	±2.0
3.2			
4.0			
5.0			

2. 药皮

压涂在焊芯表面上的涂料层叫药皮，其主要作用如下：

(1) 提高焊接电弧的稳定性。电弧焊的根本问题是稳定电弧，维持电弧的连续燃烧。由于焊条药皮中加入了电离电位低的物质（如钾、钠、钙等），因此能提高电弧的稳定性。

(2) 保护熔化金属不受外界空气的影响。焊接时，药皮对熔化金属的保护作用有两种形式：一是气体保护，二是熔渣保护。

1) 气体保护。气体保护是指药皮里的有机物及某些碳酸盐无机物在电弧高温作用下产生大量的中性或还原性气体笼罩着电弧区和熔池，在电弧区和熔池周围形成一个很好的保护层，防止空气侵入，以达到保护熔化金属的目的。

2) 熔渣保护。熔渣保护是指焊接过程中，药皮中的某些物质被电弧高温熔化，形成一层熔点高、黏度适中、密度低的熔渣，覆盖在焊道表面，可避免熔化金属和空气的直接接触，防止焊道氧化。熔渣还能使焊缝金属缓慢冷却，有利于焊缝金属中气体的逸出，减少了产生气孔的可能性。

(3) 脱氧精炼。焊接过程中，虽然对焊缝金属采取了保护，但仍会混入一些氧、氮、硫、磷等有害杂质，需要进一步去除杂质。药皮中的某些合金元素具有强烈的脱氧、脱氮、脱硫、脱磷等精炼作用，可使焊缝中的有害元素降到最小程度。

(4) 添加合金提高焊缝性能。在焊接过程中，用药皮添加合金有两个目的：一是为了补偿焊芯中合金元素的烧损，在药皮中加入适当的合金过渡到焊缝中去；另一个是完全依靠药皮中的合金元素过渡达到满足焊缝中所需成分的目的，以提高焊缝的性能。

(5) 改善焊接工艺性能。药皮在焊接时形成喇叭状套管，使电弧热量集中，并可减少飞溅，有利于熔滴向熔池过渡，提高了熔敷系数。适当调整药皮的黏度、熔点和密度能用于各种空间位置的施焊。同时熔化后的熔渣还起美观焊缝的作用。合理地配制药皮成分，还能改善熔渣的脱渣性和减小发尘量等。

二、焊条的分类及型号

1. 焊条的分类

(1) 按焊条的用途分类。根据有关国家标准，焊条可分为碳钢焊条、低合金钢焊条、不锈钢焊条、堆焊焊条、铸铁焊条、铜及铜合金焊条、铝及铝合金焊条、镍及镍合金焊条等。

（2）按焊条药皮熔化后的熔渣特性分类。焊条可分为酸性焊条和碱性焊条两大类。

1）酸性焊条。其熔渣的成分主要是酸性氧化物。这类焊条的优点是工艺性好，容易引弧，并且电弧稳定，飞溅小，脱渣性好，焊缝成形美观，容易掌握施焊技术。因熔渣含有大量酸性氧化物，焊接时易放出氧气，因而对工件上的铁锈、油等污物不敏感，焊接时产生的有害气体少。酸性焊条可用交流、直流焊接电源，适用于各种位置的焊接，焊前焊条的烘干温度较低。

酸性焊条的缺点是焊缝金属的力学性能差，尤其是焊缝金属的塑性和韧性均低于碱性焊条形成的焊缝。酸性焊条的另一个主要缺点是抗裂纹性能不好，主要是酸性焊条药皮氧化性强，使合金元素烧损较多，以及焊缝金属含硫量和扩散氢含量较高。由于上述缺点，酸性焊条仅适用于一般低碳钢和强度等级较低的普通低合金结构钢的焊接。

2）碱性焊条。其熔渣的成分主要是碱性氧化物和铁合金。这类焊条的优点是焊缝中含氧量较少，合金元素很少氧化，焊缝金属合金过渡效果好。碱性焊条药皮中碱性氧化物较多，故脱氧、脱硫、脱磷的能力比酸性焊条强。此外，药皮中的萤石有较好的去氢能力，故焊缝中含氢量低。使用碱性焊条，焊缝金属的塑性、韧性和抗裂性都比酸性焊条高，所以这类焊条适用于合金钢和重要的碳钢结构焊接。

碱性焊条的主要缺点是工艺性差，对油、锈及水分等敏感。焊接时工艺不当，容易产生气孔。因此，除了焊前要严格烘干焊条并且仔细清理焊件坡口外，在施焊时应始终保持短弧操作。碱性焊条电弧稳定性差，不加稳弧剂时只能采用直流电源焊接。在深坡口焊接中，脱渣性不好。焊接时产生的灰尘量较多，使用时应注意保持焊接场所通风和防尘保护，以免影响人体健康。

2. 焊条型号的表示方法

碳钢焊条型号是以国家标准《碳钢焊条》（GB/T5117—

1995）为依据，规定焊条的表示方法。碳钢焊条型号根据熔敷金属的力学性能、药皮类型、焊接位置和焊接电流种类来划分。具体方法如下：

（1）字母"E"表示焊条。

（2）前两位数字表示熔敷金属抗拉强度的最小值的1/10，单位为MPa。

（3）第三位数字表示焊条的焊接位置。"0"及"1"表示焊条适用于全位置焊接（平、立、仰、横），"2"表示焊条适用于平焊及平角焊，"4"表示焊条适用于向下立焊。

（4）第三位和第四位数字组合时表示焊接电流种类和药皮类型。

（5）第四位数字后附加"R"表示耐吸潮焊条；附加"M"表示耐吸潮和力学性能有特殊规定的焊条，附加"-1"表示冲击性能有特殊规定的焊条。

例如：

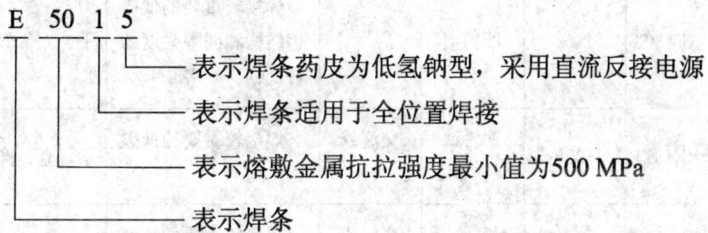

3. 焊条型号与牌号的关系

（1）焊条牌号的表示方法。碳钢焊条是根据熔敷金属的抗拉强度、药皮类型和电流种类来划分的，具体方法如下：

1）字母"J"或汉字"结"表示结构钢焊条。

2）前两位数字表示熔敷金属的抗拉强度的最小值的1/10，单位为MPa。

3）第三位数字表示焊接电流种类和药皮类型。

例如：

J 42 2 (结422)
- 表示药皮为钛钙型，采用交流或直流电源
- 表示熔敷金属抗拉强度最小值为420 MPa
- 表示结构钢焊条

(2) 型号与牌号的对照。常用碳钢焊条的型号与牌号对照及用途见表1—2，以便选用。

表 1—2　常用碳钢焊条的型号与牌号对照及用途

型号	牌号	药皮类型	电源种类	主要用途	焊接位置
E4300	J420G	特殊型	交流或直流	焊接一般低碳结构钢，特别适合火力发电站碳钢管道的全位置焊接	平、立、仰、横
E4303	J422	钛钙型	交流或直流	焊接较重要的低碳钢结构和同等强度的普低钢	平、立、仰、横
E4314	J422Fe	铁粉钛钙型	交流或直流	焊接较重要的低碳钢结构	平、立、仰、横
E4301	J423	钛铁矿型	交流或直流	焊接较重要低碳钢结构	平、立、仰、横
E4320	J424	氧化铁型	交流或直流正接	焊接较重要低碳钢结构	平、平角焊
E4316	J426	低氢钾型	交流或直流反接	焊接重要的低碳钢及某些低合金钢结构	平、立、仰、横
E4315	J427	低氢钠型	直流反接	焊接重要的低碳钢及某些合金钢结构	平、立、仰、横

续表

型号	牌号	药皮类型	电源种类	主要用途	焊接位置
E5024	J501Fe15	铁粉钛型	交流或直流	焊接某些低合金钢结构	平、平角焊
E5003	J502	钛钙型	交流或直流	焊接相同强度等级低合金钢一般结构	平、立、仰、横
E5011	J505	纤维素钾型	交流或直流	用于碳钢及低合金钢立向下焊底层焊接	平、立、仰、横
E5016	J506	低氢钾型	交流或直流反接	焊接中碳钢及重要低合金钢结构，如Q345等	平、立、仰、横
E5015	J507	低氢钠型	直流反接	焊接中碳钢及重要低合金钢结构，如Q345等	平、立、仰、横

三、碳钢焊条的选择和使用

1. 碳钢焊条的选用原则

对于碳钢和某些低合金钢来说，在选用焊条时应注意以下原则。

(1) 等强度原则。碳钢和某些低合金钢焊条的选择，一般是按焊缝与母材等强度的原则选用，但是要注意以下问题：

1) 一般钢材按屈服点来确定等级（如 Q235），而碳钢焊条是按熔敷金属抗拉强度的最低值来定强度等级的，因此不能混淆，应按照母材的抗拉强度等级选择抗拉强度等级相同的焊条。

2) 对于强度级别较低的钢材，基本上是按等强度原则。但对于焊接结构刚度大、受力情况复杂的工件，选用焊条时，应考虑焊缝塑性，可选用比母材低一级抗拉强度的焊条。

(2) 酸性焊条和碱性焊条的选用原则。焊条的抗拉强度等级确定后，在决定选用酸性焊条或碱性焊条时，一般要考虑以下几方面的因素：

1）当接头坡口表面难以清理干净时，应采用氧化性强，对铁锈、油污等不敏感的酸性焊条。

2）在容器内部或通风条件较差的条件下，应选用焊接时析出有害气体少的酸性焊条。

3）当母材中碳、硫、磷等元素含量较高时，且焊件形状复杂、结构刚度大和厚度大时，应选用抗裂性好的碱性低氢型焊条。

4）当焊件承受振动载荷或冲击载荷时，除保证抗拉强度外，应选用塑性和韧性较好的碱性焊条。

5）在酸性焊条和碱性焊条均能满足性能要求的前提下，应尽量选用工艺性能较好的酸性焊条。

（3）焊条的焊接位置。焊接部位为空间任意位置时，必须选用能进行全位置焊接的焊条，焊接部位始终是向下立焊时，可以选用专门向下立焊的焊条或其他专门焊条。对于一些要求高生产率的焊件，可选用高效的铁粉焊条。

2. 碳钢焊条的使用

为了保证焊缝的质量，碳钢焊条在使用前须对焊条的外观进行检查以及烘干处理。

（1）焊条的外观检查。对焊条进行外观检查是为了避免由于使用了不合格的焊条，而造成焊缝质量的不合格。外观检查包括：

1）锈蚀。锈蚀是指焊芯是否有锈蚀的现象。一般来说，若焊芯仅有轻微的锈迹，基本不影响性能，但是如果对焊接质量要求较高时，就不宜使用。焊条锈蚀严重则不宜使用，至少应降级使用或只能用于一般结构件的焊接。

2）药皮裂纹及脱落。药皮在焊接过程中起着很重要的作用，如果药皮出现裂纹甚至脱落，则直接影响焊缝质量。因此，药皮脱落的焊条不应使用。

(2) 焊条的烘干

1) 烘干目的。焊条出厂时具有一定的含水量是正常的,对焊缝质量没有影响。但是焊条在存放时会从空气中吸收水分,在相对湿度较高时,焊条涂料吸收水分很快。普通碱性焊条在外面裸露一天,受潮就会很严重。受潮的焊条在使用中容易产生氢致裂纹、气孔等缺陷,造成电弧不稳定、飞溅增多、烟尘增大等不利影响。

因此,焊条(特别是低氢型碱性焊条)在使用前必须烘干。

2) 烘干温度。不同品种的焊条要求不同的烘干温度和保温时间。在各种焊条的说明书中对此均作了规定,这里介绍通常情况下,碳钢焊条的烘干温度和时间。

① 酸性焊条。酸性焊条药皮中,一般均有含结晶水的物质和有机物,烘干时,应以除去药皮中的吸附水,而不使有机物分解变质为原则。因此,烘干温度不能太高,一般规定为 75~150℃,保温 1~2 h。

② 碱性焊条。由于碱性焊条在空气中极易吸潮,而且在药皮中没有有机物,在烘干时更需去掉药皮中矿物质中的结晶水。因此,烘干温度要求较高,一般需 350~400℃,保温 1~2 h。

3) 烘干方法及要求

① 焊条应放在正规的远红外线烘干箱内进行烘干,不能在炉子上烘烤,也不能用气焊火焰直接烤。

② 烘干焊条时,禁止将焊条直接放进高温炉内,或从高温炉中突然取出冷却,以防止焊条因骤冷骤热而产生药皮开裂脱落。应缓慢加热、保温、缓慢冷却。经烘干的碱性焊条最好放入另一个温度控制在 80~100℃ 的低温烘箱内存放,随用随取。

③ 烘干焊条时,焊条不应成垛或成捆地堆放,应铺成层状,φ4 mm 焊条不超过三层,φ3.2 mm 焊条不超过五层。否则,焊条叠起太厚造成温度不均匀、局部过热而使药皮脱落,而且也不

利于潮气排除。

④焊接重要产品时,每个焊工应配备一个焊条保温筒,施焊时,将烘干的焊条放入保温筒内。筒内温度保持在 50~60℃,还可放入一些硅胶,以免焊条再次受潮。

⑤焊条烘干一般可重复两次,对于酸性焊条中的多数碳钢焊条重复烘干次数可以达到 5 次,但对于酸性焊条中的纤维素型焊条以及低氢型的碱性焊条,则重复烘干次数不宜超过 3 次。

模块四 焊接电弧及焊接电源

一、焊接电弧

正负两个电极间的放电现象称为电弧,它是一种空气导电的现象。但是一般的电弧由于存在时间短,而无法用来焊接。而焊接电弧是指由焊接电源供给的,具有一定电压的两电极间或电极与母材间,在气体介质中产生的强烈而持久的放电现象。焊接电弧能放出强烈的光和大量的热。焊接就是利用电弧产生的热量作为热源,来熔化母材和填充金属。

1. 焊接电弧的产生

在通常情况下,气体是不导电的,为了使其导电,必须使气体电离,即必须在气体中形成足够数量的自由电子和正离子。

焊接电弧的引燃过程,是当焊条与工件接触的瞬间,焊条与工件表面局部突出部位首先接触,在接触区有电流通过,使得接触处的电流密度增大,产生了很大的电阻热,将接触点熔化,同时受热的阴极发射出大量电子。由阴极发射出的电子,在电场的作用下快速向阳极运动,在运动中与中性气体粒子相撞,并使其电离,分离成电子和正离子,电子被阳极吸收,而正离子向阴极运动,形成电弧的放电现象。所以,气体电离和阴极电子发射是焊接电弧产生和维持的两个必要条件。焊接电弧引燃的顺利与否,与焊接电流强度、电弧中的电离物质、电源的空载电压及其特性有关。如果焊接电流大,电弧中又存在容易电离的元素,电源的空载电压又较高时,则容易引燃电弧。

2. 焊接电弧组成及温度分布

(1) 焊接电弧的组成。焊接电弧由阴极区、阳极区和弧柱区三部分组成,其构造如图1—18所示。

1) 阴极区。电弧紧靠负电极的区域为阴极区。阴极区很窄,约为 $10^{-6} \sim 10^{-5}$ cm,电场强度很大。在阴极区的阴极表面有一个明亮的斑点,称为阴极斑点。在阴极斑点中,电子在电场和热能的作用下,得到足够的能量而逸出。因此,阴极斑点是一次电子发射的发源地,电流密度很大,也是阴极区温度最高的地方。

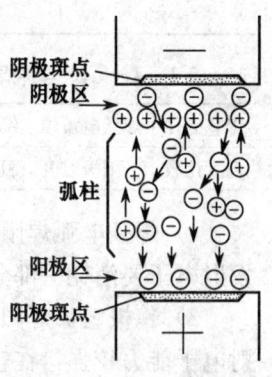

图1—18 焊接电弧的构造

2) 阳极区。电弧紧靠正电极的区域为阳极区。阳极区比阴极区宽,约为 $10^{-4} \sim 10^{-3}$ cm,在阳极的表面也有一个明亮的斑点,称为阳极斑点。它是由电子对阳极表面撞击而形成的,是集中接受电子的微小区域。阳极区的电场强度比阴极区小得多。

3) 弧柱区。在阴极区和阳极区之间的区域称为弧柱区。由于阴极区和阳极区的长度极小,故弧柱的长度就可以认为是电弧的长度。在弧柱区充满了电子、正离子、负离子和中性的气体分子和原子,并伴随着激烈的电离反应。

(2) 焊接电弧的温度分布。焊接电弧中三个区域的温度是不均匀的,阴极区和阳极区温度主要取决于电极材料,而且一般阴极温度低于阳极温度,且低于材料的沸点,见表1—3。但在生产实践中发现,不同的焊接工艺方法使阳极和阴极温度高低不同，各种焊接方法的阴极与阳极温度比较见表 1—4。

表 1—3　　　　　　阴极区和阳极区温度　　　　　　　　℃

电极材料	材料沸点	阴极温度	阳极温度
碳	4 640	3 500	4 100
铁	3 271	2 400	2 600
钨	6 200	3 000	4 250

表 1—4　　　各种焊接方法的阴极与阳极温度比较

工艺方法	焊条电弧焊	钨极氩弧焊	熔化极氩弧焊	CO_2 气体保护焊	埋弧自动焊
温度比较	阳极温度>阴极温度			阴极温度>阳极温度	

1) 焊条电弧焊阳极温度比阴极温度高一些，这是由于阴极发射电子要消耗一部分能量所致。

2) 钨极氩弧焊阳极温度也比阴极温度高，这是由于钨极发射电子能力较强，在较低的温度下就能满足发射电子的要求。

3) 气体保护焊的气体对阴极有较强的冷却作用，这样就要求阴极具有更高的温度及更大的电子发射能力。由于采用的电流密度较大，故阴极温度比阳极温度高。例如，CO_2 气体保护焊或药芯 CO_2 气体保护焊时，采用直流电源，熔化电极接负极，焊接时生产率就较高。

4) 埋弧自动焊在使用含 CaF_2 焊剂焊接时，因氟等蒸气容易形成负离子，要求阴极能具备更强的电子发射能力。但这些负离子在阴极区与正离子中和时能放出大量的热，同时使用的电流密度也较大，所以阴极温度比阳极温度高。

弧柱的温度不受材料沸点的限制，因此，通常都高于阳极区和阴极区的温度，一般可达 6 000～8 000℃。弧柱的径向温度分布是不均匀的，其中心温度最高，离开弧柱中心线，温度逐渐降低。弧柱温度虽然很高，但大部分被辐射，因此，要求焊接时应尽量压低电弧，使热量得到充分利用。

3. 焊接电弧静特性

在电极材料、气体介质和弧长一定的情况下，电弧稳定燃烧时，焊接电流和电弧电压变化的关系称为电弧的静特性，也称为伏—安特性。

(1) 静特性曲线。电弧静特性曲线如图 1—19 所示。电弧的静特性曲线呈 U 形，它有 3 个不同的区域。当电流较小时（ab 区），电弧静特性是属于下降特性区，随着电流的增加电压减小；当电流稍大时（bc 区），电弧静特性属于水平特性，也就是电流变化而电压几乎不变，焊条电弧焊的静特性就处于这个区段，因而焊接电流在一定范围内变化时，电弧电压不发生变化，从而保证了电弧的稳定燃烧；当电流较大时（cd 区），电弧静特性属于上升特性区，即电压随电流的增加而升高。

(2) 电弧静特性曲线的应用。电弧静特性虽然有 3 个不同的区域，但对于不同的焊接方法，在一定的条件下，其静特性只是曲线的某一区域。

在静特性的下降段，由于电弧燃烧不易稳定，因而很少采用。而静特性的水平段，则在焊条电弧焊、埋弧焊、钨极氩弧焊中得到广泛应用。而静特性的上升段，则只有在细丝熔化极气体保护焊及大电流密度埋弧焊时才会出现。

电弧静特性是在弧长一定时，电弧稳定燃烧情况下电流与电压的关系，当弧长发生变化时，电弧的静特性曲线也将发生变化，如图 1—20 所示。因为电弧电压是由阴极电压降、阳极电压降和弧柱电压降三部分组成的，其中阴极电压降和阳极电压降在一定电极材料和气体介质的条件下基本是固定的数值，而弧柱电压降在一定的气体介质条件下与弧柱长度（实际上也就是电弧长度）成正比。

当电弧长度增加时，电弧电压将升高，其静特性曲线的位置也随之上升。而当电弧长度缩短时，电弧电压降低，静特性曲线的位置也随之下移。

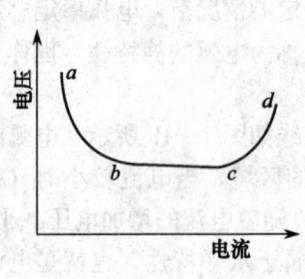 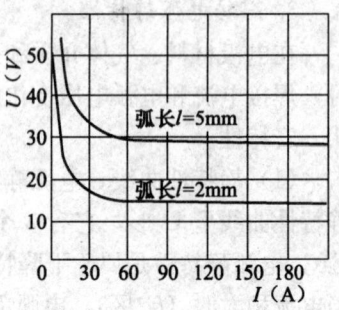

图 1—19 电弧静特性曲线　　图 1—20 不同电弧长度的电弧静特性曲线

二、焊接电源的极性、极性应用及电弧的稳定性

1. 焊接电源的极性

在焊接过程中，直流弧焊机的两个极（正极和负极）分别接到焊件和焊钳上。从前面的讲述可知，焊件或焊钳所接的正、负极不同，则温度也相应不同。因此，在使用直流弧焊发电机时，应考虑选择电源的极性问题，以保证电弧稳定燃烧和焊接质量。

所谓电源极性就是在直流电弧焊或电弧切割时，焊件与电源输出端正、负极的接法，有正接和反接两种。所谓正接就是焊件接电源正极，电极接电源负极的接线法，正接也称正极性，如图1—21a 所示。反接就是焊件接电源负极，电极接电源正极的接线法，反接也称反极性，如图 1—21b 所示。对于交流电焊机来说，由于电源的极性是交变的，所以不存在正接和反接。

2. 焊接电源极性的应用

在选用焊接电源的极性时，主要应根据焊条的性质和焊件所需的热量来决定。焊条电弧补焊时，当阳极和阴极的材料相同时，则阳极区的温度大于阴极区的温度。因此，在使用酸性焊条（如 E4303 等）时，利用电源的不同极性接线法来焊接不同要求的焊件。如焊接厚钢板采用酸性焊条时，可采用直流正极性，以获得较大的熔深；而在焊接薄钢板时，则采用直流反极性，可防止烧穿。若酸性焊条采用交流电焊机时，其熔深则介于直流正极性和反极性之间。

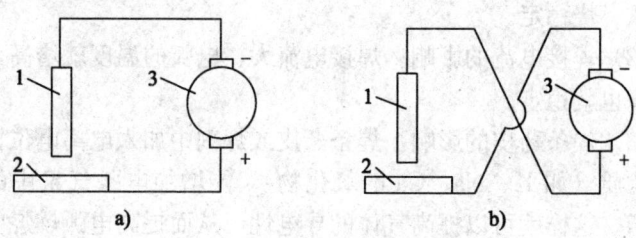

图1—21 焊接电源的极性
a) 正极性 b) 反极性
1—焊条 2—焊件 3—直流弧焊机

如果在焊接重要结构使用碱性低氢钠型焊条时，无论焊接厚板或薄板，均应采用直流反极性，因为这样可以减少飞溅现象和减少气孔倾向，并能使电弧稳定燃烧。

3. 电弧燃烧的稳定性

焊接电弧的稳定性是指电弧保持稳定燃烧（不产生断弧、飘移和磁偏吹等）的程度，电弧的稳定燃烧是保证焊接质量的一个重要因素，因此，维持电弧稳定性是非常重要的。电弧不稳定的原因除焊工操作技术不熟练外，还与下列因素有关：

(1) 焊接电源的影响

1) 焊接电源的特性。焊接电源的特性是指焊接电源以哪种形式向电弧供电，如焊接电源的特性符合电弧燃烧的要求，则电弧燃烧稳定。反之，则电弧燃烧不稳定。

2) 焊接电流的种类。直流电源的焊接电弧比交流电源的焊接电弧稳定。这是因为采用交流电源焊接时，电弧的极性是周期性变化的（50 Hz），即每秒钟电弧的燃烧和熄灭要重复100次。

3）焊接电源的空载电压。具有较高空载电压的焊接电源不仅引弧容易，而且电弧燃烧也稳定。这是因为焊接电源的空载电压较高，电场作用强，电场作用下的电离及电场发射就强烈，所以电弧燃烧稳定。

（2）焊接电流的影响。焊接电流大，电弧的温度就增高，电弧燃烧也就稳定。

（3）焊条药皮的影响。焊条药皮或焊剂中加入电离电位比较低的物质（如 K、Na、Ca 的氧化物），能增加电弧气氛中的带电粒子，这样就可以提高气体的导电性，从而提高电弧燃烧的稳定性。

如果焊条药皮或焊剂中含有电离电位比较高的氟化物（如 CaF_2）及氯化物（如 KCl、NaCl）时，由于它们较难电离，因而可降低电弧气氛的电离程度，使电弧燃烧不稳定。

（4）电弧长度的影响。电弧长度对电弧的稳定性也有较大的影响，如果电弧太长，电弧就会发生剧烈摆动，从而破坏焊接电弧的稳定性，而且飞溅也会增大。

（5）其他影响因素。焊接处如有油漆、油脂、水分和锈层等，也会影响电弧燃烧的稳定性，因此，焊前做好焊件表面的清理工作十分重要。

焊条受潮或药皮脱落，也会造成电弧燃烧不稳定。此外，风、气流、电弧偏吹等均会造成电弧燃烧不稳定。

三、焊接电弧的偏吹

1. 焊接电弧偏吹的原因

在正常情况下焊接时，电弧的中心轴线总是保持沿焊条电极的轴线方向。随着焊条变换倾斜角度，电弧也跟着电极轴线的方向而改变。但有时在焊接过程中，因气流的干扰、磁场的作用或焊条偏心的影响，使电弧中心偏离电极的轴线，这种现象称为电弧偏吹。

在焊接过程中，有时电弧偏吹的现象会引起电弧强烈的摆动甚至发生熄弧，不仅使焊接操作困难，而且影响了焊缝成形和焊接质量，因此，焊接时应尽量减少或防止电弧偏吹现象。引起电弧偏吹的原因很多，一般归纳为以下几方面：

（1）焊条偏心度过大。所谓焊条的偏心度是指焊条药皮沿焊芯直径方向偏心的程度。药皮较薄的一边很快熔化而使电弧外露，迫使电弧往外偏吹，如图1—22所示。在焊接时遇到这种情况，通常采用调整焊条倾斜角度（使偏吹方向转向熔池）的方法来解决。

（2）电弧周围气流的干扰。电弧周围气体的流动也会把电弧吹向一侧而造成偏吹。例如，在露天大风中操作或在狭窄焊缝处焊接时，电弧偏吹情况很严重，甚至使焊接过程发生困难；在管子焊接时，由于空气在管子中流动速度较大，形成所谓"穿堂风"，使电弧发生偏吹；在开坡口的对接接头第一层焊缝的焊接时，如接头间隙较大，往往由于热对流的影响也会使电弧发生偏吹。一般由于气流干扰产生的偏吹，只要根据具体情况查明气流来源、方向，进行遮挡即可解决。

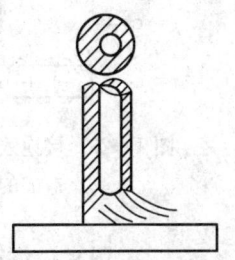

图1—22　偏心度过大的焊条

（3）磁偏吹。直流电弧焊时，因受到焊接回路所产生的电磁力的作用而产生的电弧偏吹称为磁偏吹。它是由于直流电所产生的磁场在电弧周围分布不均匀而引起的电弧偏吹。造成电弧产生磁偏吹的因素主要有以下几种：

1）接地线位置不正确引起的电弧偏吹。焊接时，由于接地线的位置不正确，使电弧周围的磁场分布不均匀，从而造成电弧的偏吹，如图1—23所示。

2）铁磁物质引起的电弧偏吹。由于铁磁物质（如钢板、铁块等）的导磁能力远远大于空气，因此，当焊接电弧周围有铁磁物质存在时，在靠近铁磁体一侧的磁感应线大部分都通过铁磁体形成封闭曲线,使电弧同铁磁体之间的磁感应线变得稀疏,而电弧另一侧磁感应线就显得密集,因此,电弧就向铁磁体一侧偏吹,就像铁磁体吸引电弧一样,如图1—24所示。如果钢板受热后温度升得较高,导磁能力就降低,对电弧磁偏吹的影响也就减少。

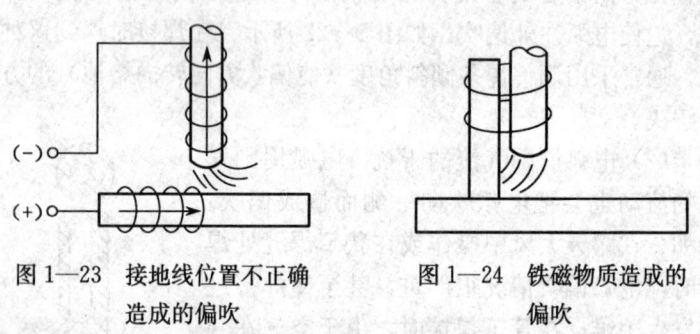

图1—23　接地线位置不正确造成的偏吹　　图1—24　铁磁物质造成的偏吹

3)焊条与焊件的相对位置不对称引起的电弧偏吹。焊条与焊件所处的位置不对称,造成电弧周围的磁场分布不平衡,再加上热对流的作用,就会产生电弧偏吹。在焊缝收尾时,往往也会发生电弧偏吹,与焊缝起头时产生电弧偏吹的原因一样,如图1—25所示。

焊接电弧的磁偏吹与焊接电流有关,焊接电流越大,磁偏吹现象越严重,尤其是当采用300~400 A的直流电源焊接时,电弧偏吹的现象更为严重。

总之,电弧磁偏吹现象只有在使用直流电源焊接时才会发生,而对交流电源来说,一般不会产生明显的磁偏吹现象。

2. 减少或防止焊接电弧偏吹的方法

焊接电弧偏吹会给焊接工作造成很多困难,还会使焊缝产生气孔、未焊透和焊偏等缺陷。因此,必须根据电弧偏吹的规律,采取相应的措施来克服或减少电弧偏吹的现象。

(1)焊接时,在条件许可的情况下尽量使用交流电源焊接。

(2) 在露天操作时,如果风较大则必须用挡板遮挡,对电弧进行保护。在管子焊接时,必须将管口堵住,以防止气流对电弧的影响。

(3) 在焊接间隙较大的对接焊缝时,可在接缝下面加垫板,以防止热对流引起电弧偏吹。

(4) 在焊缝两端各加一小块附加钢板(引弧板及引出板),使电弧两侧的磁感应线分布均匀并减少热对流的影响,以克服电弧偏吹。

(5) 采用短弧焊接,因为短弧受气流的影响较小,而且在产生磁偏吹时,如果采用短弧焊接,也能减小磁偏吹程度,因此,采用短弧焊接是减少电弧偏吹的较好方法。

(6) 在操作时适当调整焊条角度,使焊条偏吹的方向转向熔池,这种方法在实际操作中得到广泛的应用。

(7) 适当地改变焊件上的接地线部位,尽可能使电弧周围的磁感应线分布均匀,如图1—26所示。图中虚线表示克服磁偏吹的接线方法。

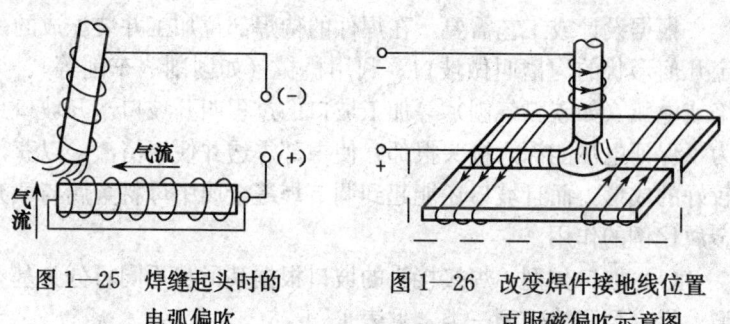

图1—25 焊缝起头时的电弧偏吹

图1—26 改变焊件接地线位置克服磁偏吹示意图

此外,采用小电流焊接对克服磁偏吹也能起到一定的作用。

以上这些方法,有的受到具体工作条件的限制,不便采用,有些只能减轻电弧的偏吹,所以在实际使用中应灵活运用一种或几种方法,以求得到更好的效果。

模块五 焊接接头与焊缝符号

一、焊接接头类型及焊缝形式

用焊接方法连接的接头称为焊接接头,它主要起连接和传递力的作用。焊接接头由焊缝、熔合区和热影响区三部分组成,如图1—27所示。

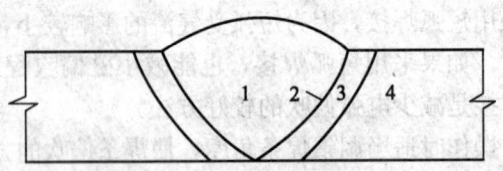

图1—27 焊接接头组成示意图
1—焊缝 2—熔合区 3—热影响区 4—母材

1. 焊接坡口的类型与尺寸

根据设计或工艺需要,在焊件的待焊部位加工并装配成的一定几何形状的沟槽叫做坡口。利用机械(如刨削、车削等)、火焰或电弧(如碳弧气刨)等加工坡口的过程叫开坡口。开坡口是为了保证电弧能深入接头根部,使根部焊透并便于清渣,以获得较好的成形,而且坡口还能起到调节焊缝金属中母材金属与填充金属比例的作用。

(1)坡口类型。焊接接头的坡口根据其形状不同可分为基本型、组合型和特殊型三类,见表1—5。

(2)坡口尺寸符号

1)坡口面角度和坡口角度。待加工坡口的端面与坡口面之间的夹角叫坡口面角度,用β表示。两坡口面之间的夹角叫坡口角度,用α表示,如图1—28a、b所示。坡口面为待焊件上的坡口表面。

表 1—5　　　　　焊接接头坡口的类型及图示

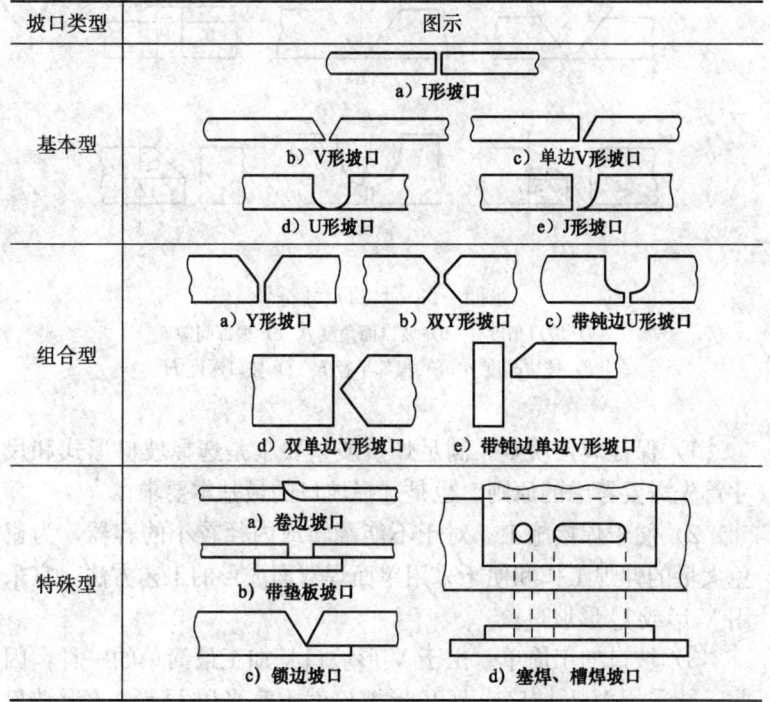

2) 根部间隙。焊前在接头根部之间预留的空隙叫根部间隙，用 b 表示，如图 1—28c 所示。其作用在于打底焊时保证根部焊透。

3) 钝边。焊件开坡口时，沿焊件接头坡口根部的端面直边部分叫钝边，用 p 表示，如图 1—28d 所示。钝边的作用是防止根部烧穿。

4) 根部半径。在 J 形、U 形坡口底部的圆角半径叫根部半径，用 R 表示，如图 1—28e 所示。它的作用是增大坡口根部的空间，以便焊透根部。

5) 坡口深度。焊件上开坡口部分的高度叫坡口深度，用 H 表示，如图 1—28f 所示。

(3) 坡口的选择原则。选择坡口时应考虑以下几条原则：

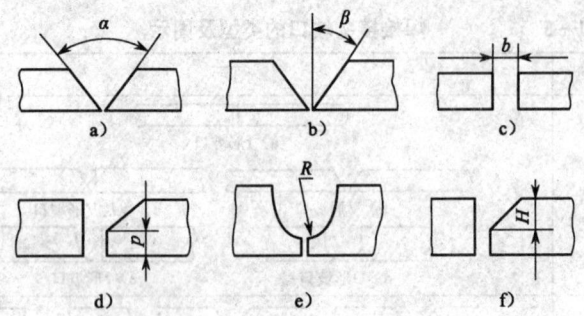

图1—28 坡口尺寸符号
a) 坡口角度 α b) 坡口面角度 β c) 根部间隙 b
d) 钝边高度 p e) 根部半径 R f) 坡口深度 H

1) 保证焊接质量。满足焊接质量要求是选择坡口形式和尺寸首先需要考虑的原则，也是选择坡口的最基本要求。

2) 便于焊接施工。对于不能翻转或内径较小的容器，为避免大量的仰焊工作和便于采用单面焊双面成形的工艺方法，宜采用V形或U形坡口。

3) 坡口加工简单。由于V形坡口是加工最简单的一种，因此，能采用V形坡口或双V形坡口就不宜采用U形、J形坡口等加工工艺较复杂的坡口类型。

4) 坡口的断面面积尽可能小。这样可以降低焊接材料的消耗，减少焊接工作量并节省电能。

5) 便于控制焊接变形。不适当的坡口形式容易产生较大的焊接变形。例如，采用双V形坡口比采用V形坡口可以减少约一半焊缝金属，且焊接接头变形较少。

2. 焊接接头的类型及特点

焊接中，由于焊件的厚度、结构及使用条件的不同，其接头类型也不同，一般可以归纳为对接接头、T形接头、角接接头、搭接接头和端接接头5种基本类型。焊接接头的类型、特点及应用见表1—6。

表 1—6　焊接接头的类型、特点及应用

接头类型	特点	应用	图示
对接接头	对接接头是两焊件表面构成大于或等于135°、小于或等于180°夹角的接头。对接接头受力状况较好，应力集中程度较小，材料消耗少。但对焊件边缘加工及装配要求较高	对接接头是各种焊件结构中采用最多的一类接头形式。一般钢板厚度在6 mm以下，不开坡口（I形坡口）；钢板厚度若大于6 mm，则必须开坡口。对接接头常用的坡口形式有V形、Y形、双Y形、U形坡口等	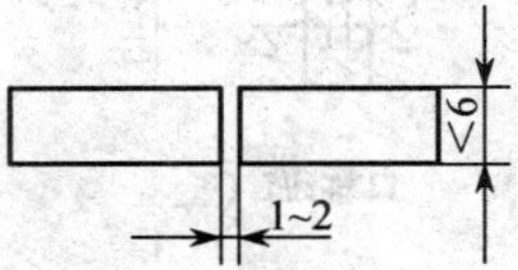 a) I形坡口 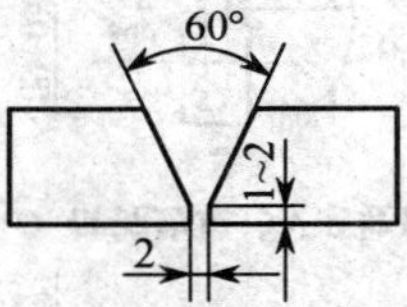　b) Y形坡口 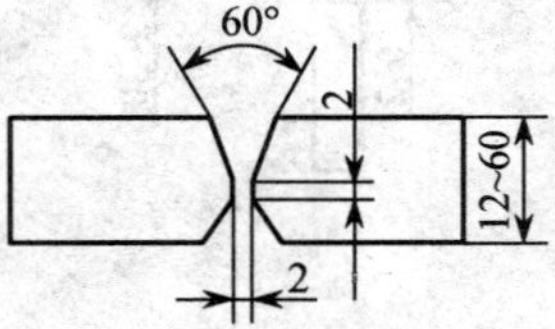　c) 双Y形坡口 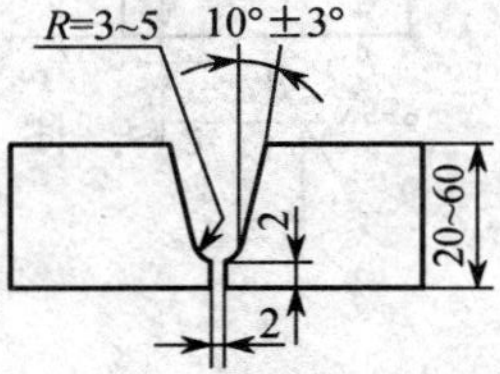　d) 带钝边U形坡口

续表

接头类型	特点	应用	图示
T形接头	T形接头是一个焊件的端面与另一个焊件表面构成直角或近似直角的接头。T形接头是一种典型的电弧焊接接头，能承受各个方向的力和力矩	T形接头是各类箱形结构中最常见的结构形式。在一般情况下，T形接头可不开坡口，若焊缝要求承受载荷时，应选用带钝边单边V形、带钝边双单边V形或带钝边双J形等坡口形式，使接头焊透，以保证接头强度	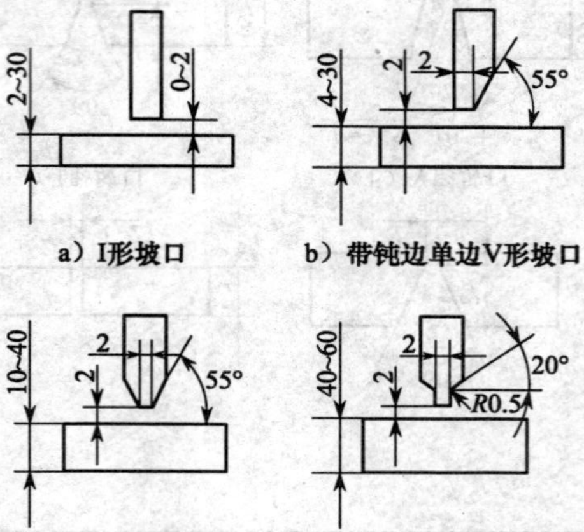a）I形坡口 b）带钝边单边V形坡口 c）带钝边双单边V形坡口 d）带钝边双J形坡口

续表

接头类型	特点	应用	图示
角接接头	角接接头是两焊件端部构成大于30°、小于135°夹角的接头。角接接头承载能力差，特别是当接头承受弯曲力时，焊根易出现应力集中而造成根部开裂	角接接头一般用于不重要的焊接结构中。角接接头一般不开坡口，如需要也可根据焊件厚度开带钝边单边V形坡口、Y形坡口、带钝边双单边V形坡口等	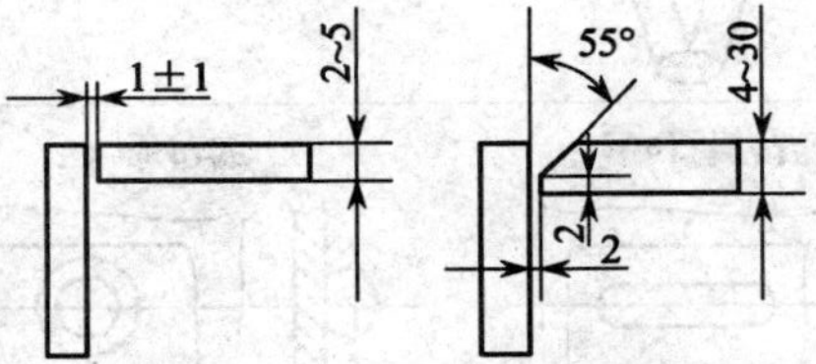 a) I形坡口　b) 带钝边单边V形坡口 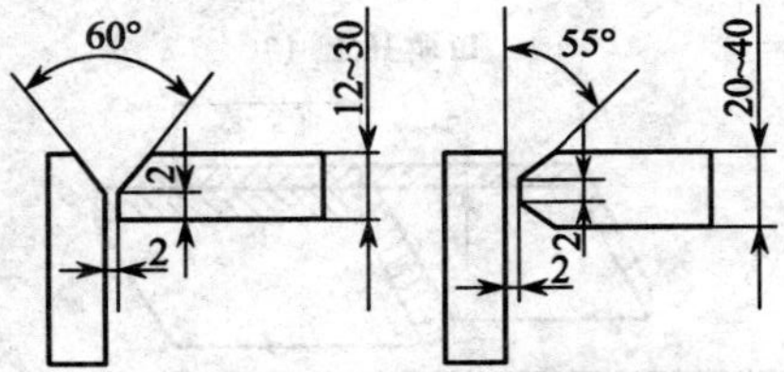　c) Y形坡口　d) 带钝边双单边V形坡口

续表

接头类型	特点	应用	图示
搭接接头	搭接接头是两焊件部分重叠构成的接头。搭接接头应力分布不均匀，疲劳强度较低，不是理想的接头形式，但其焊前准备和装配较简单	搭接接头有不开坡口、塞焊缝和槽焊缝等形式。不开坡口的搭接接头，一般用于12mm以下钢板，其重叠部分为3～5倍板厚，常用在不重要的结构中。当结构面积较大时，常选用的圆孔塞焊缝和长孔槽焊缝的接头形式	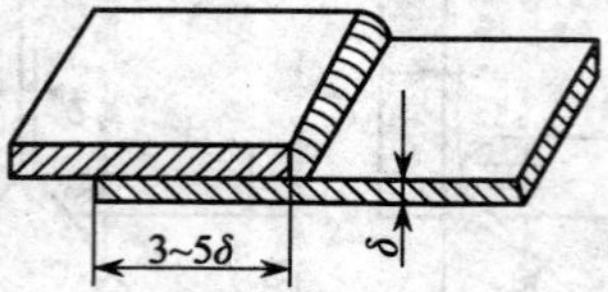 a) 不开坡口 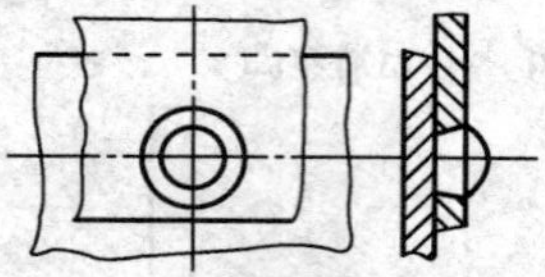 3～5δ b) 塞焊缝 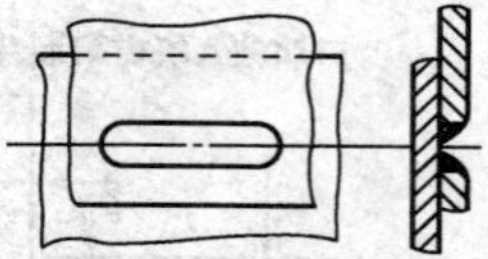 c) 槽焊缝
端接接头	端接接头是两焊件重叠放置或两焊件之间的夹角不大于30°，在端部进行连接的接头	端接接头通常只用于密封	 a) 两焊件重叠放置的端接 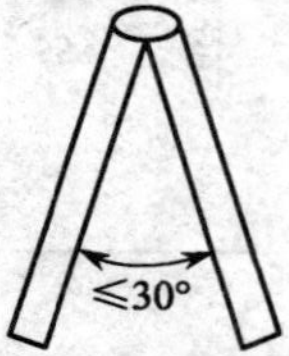 b) 两焊件夹角≤30°的端接

3. 焊缝形式及形状尺寸

焊件经焊接后所形成的结合部分叫做焊缝。

(1) 焊缝形式。焊缝按不同分类方法可分为下列几种形式：

1) 按焊缝结合形式可分为对接焊缝、角焊缝、端接焊缝、塞焊缝和槽焊缝5种。

①对接焊缝即在焊件的坡口面间或一个零件的坡口面与另一个零件表面间焊接的焊缝。

②角焊缝即沿两直交或近直交零件的交线所焊接的焊缝。

③端接焊缝即构成端接接头所形成的焊缝。

④塞焊缝即两零件相叠，其中一块开圆孔，在圆孔中焊接两板所形成的焊缝。只在孔内焊角焊缝者不称为塞焊。

⑤槽焊缝即两板相叠，其中一块开长孔，在长孔中焊接两板的焊缝。只焊角焊缝者不称为槽焊。

2) 按施焊时焊缝在空间所处位置分为平焊缝、立焊缝、横焊缝及仰焊缝4种形式。

3) 按焊缝断续情况分为连续焊缝、断续焊缝和定位焊缝3种形式。焊前为装配和固定构件接缝的位置而焊接的短焊缝为定位焊缝；连续焊接的焊缝为连续焊缝；焊接成具有一定间隔的焊缝为断续焊缝。断续角焊缝又分为交错断续角焊缝和并列断续角焊缝两种，如图1—29所示。

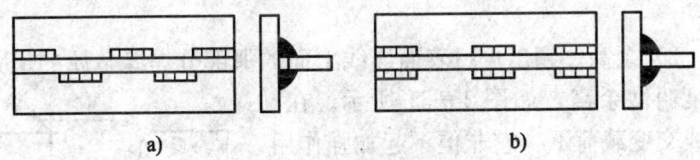

图1—29 断续角焊缝
a) 交错式 b) 并列式

◇工厂提示：

生产中常会遇到不同厚度的钢板对接焊，这时若厚度差

($\delta-\delta_1$)不超过表1—7的规定,则接头的坡口类型与尺寸按较厚板选取。否则应在较厚板上做出单面或双面削薄,其削薄长 $L \geqslant 3(\delta-\delta_1)$。

表1—7　　　不同厚度的钢板对接的允许厚度差　　　　　mm

较薄的钢板厚度 δ_1	$\geqslant 2\sim 5$	$>5\sim 9$	$>9\sim 12$	>12
允许厚度差($\delta-\delta_1$)	1	2	3	4

(2) 焊缝的形状尺寸。焊缝的形状可用一系列几何尺寸来表示,不同形式的焊缝,其形状尺寸也不一样。

1) 焊缝宽度。焊缝表面与母材的交界处叫焊趾。焊缝表面两焊趾之间的距离叫做焊缝宽度,如图1—30所示。

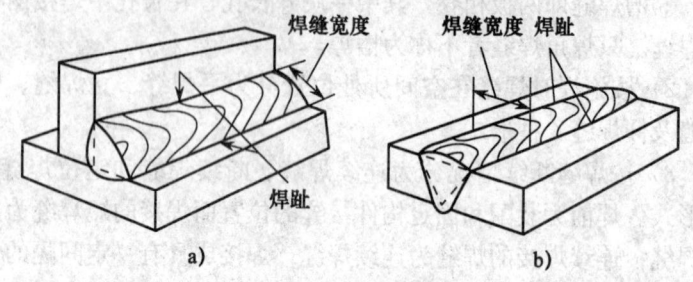

图1—30　焊缝的形状尺寸
a) 角焊缝宽度　b) 对接焊缝宽度

2) 余高。超出母材表面连线上面的那部分焊缝金属的最大高度叫做余高,如图1—31所示。在动载或交变载荷下,它非但不起加强作用,反而因焊趾处应力集中易于发生脆断,所以余高不能过高。焊条电弧焊的余高值一般为0~3mm。

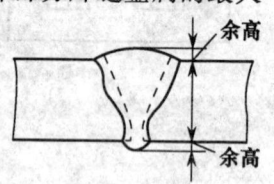

图1—31　余高

3) 熔深。在焊接接头横截面上,母

材或前道焊缝熔化的深度叫做熔深,如图1—32所示。

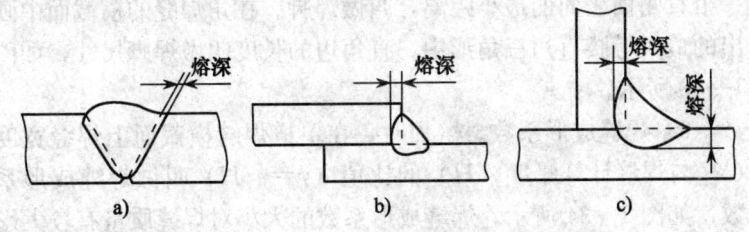

图1—32 熔深
a) 对接接头熔深 b) 搭接接头熔深 c) T形接头熔深

4) 焊缝厚度。在焊缝横截面中,从焊缝正面到焊缝背面的距离,叫做焊缝厚度,如图1—33所示。

焊缝计算厚度是设计焊缝时使用的焊缝厚度。对接焊缝焊透时它等于焊件的厚度;角焊缝时它等于在角焊缝横截面内画出的最大等腰直角三角形中,从直角的顶到斜边的垂线长度,习惯上也称为喉厚,如图1—33所示。

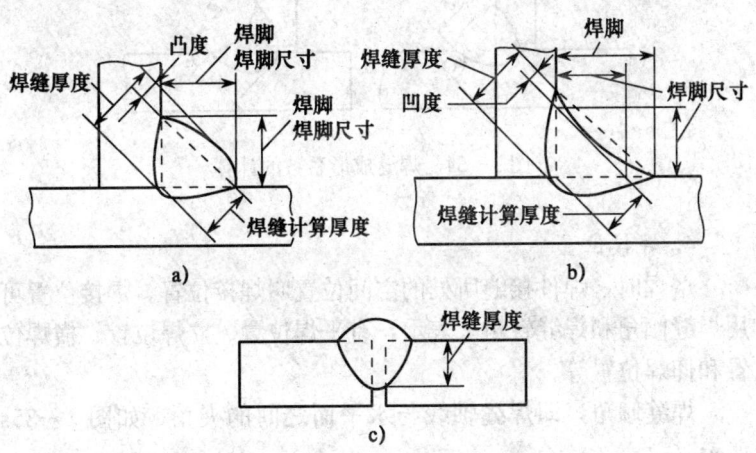

图1—33 焊缝厚度及焊脚
a) 凸形角焊缝 b) 凹形角焊缝 c) 对接焊缝的焊缝厚度

5) 焊脚。角焊缝的横截面中,从一个直角面上的焊趾到另一个直角面表面的最小距离,叫做焊脚。在角焊缝的横截面中画出的最大等腰直角三角形中,直角边的长度叫做焊脚尺寸,如图1—33所示。

6) 焊缝成形系数。熔焊时,在单道焊缝横截面上焊缝宽度(c)与焊缝计算厚度(H)的比值($\phi=c/H$)叫做焊缝成形系数,如图1—34所示。焊缝成形系数的大小对焊缝质量有较大影响,成形系数过小,焊缝窄而深,易产生气孔和裂纹;成形系数过大,焊缝宽而浅,易产生焊不透等现象,所以焊缝成形系数应控制在合理数值内。

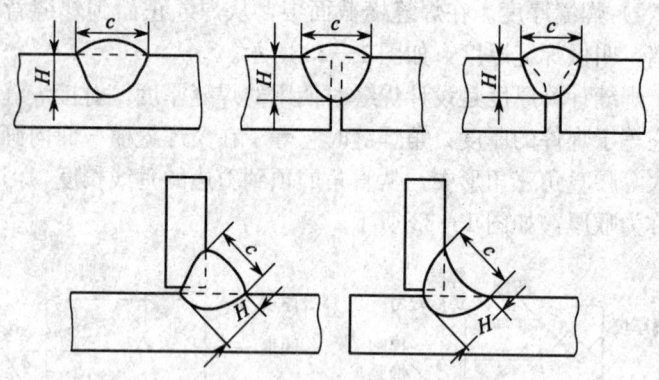

图1—34 焊缝成形系数的计算

4. 焊接位置

熔焊时,焊件接缝所处的空间位置叫焊接位置。焊接位置可用焊缝倾角和焊缝转角来表示,有平焊位置、立焊位置、横焊位置和仰焊位置等。

焊缝倾角,即焊缝轴线与水平面之间的夹角,如图1—35a所示。

焊缝转角,即焊缝中心线(焊根和盖面层中心连线)和水平参照面Y轴的夹角,如图1—35b所示。

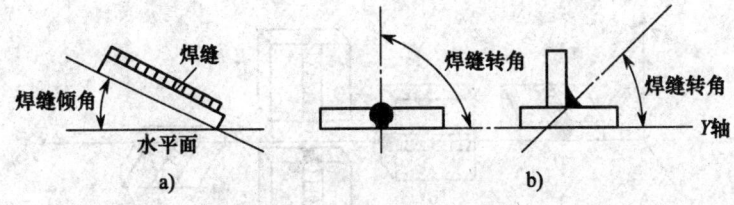

图1—35 焊缝倾角和焊缝转角
a) 焊缝倾角 b) 焊缝转角

(1) 平焊位置。平焊位置是焊缝倾角0°、焊缝转角90°的焊接位置，如图1—36a所示。

(2) 横焊位置。横焊位置是焊缝倾角0°或180°、焊缝转角0°或180°的对接位置，如图1—36b所示。

(3) 立焊位置。立焊位置是焊缝倾角90°（立向上）或270°（立向下）的焊接位置，如图1—36c所示。

(4) 仰焊位置。仰焊位置是对接焊缝倾角0°或180°、焊缝转角270°的焊接位置，如图1—36d所示。

此外，对于角焊位置还规定了另外两种焊接位置：

(5) 平角焊位置。平角焊位置是焊缝倾角0°或180°、焊缝转角45°或135°的角焊位置，如图1—36e所示。

(6) 仰角焊位置。仰角焊位置是焊缝倾角0°或180°、焊缝转角225°或315°的角焊位置，如图1—36f所示。

在平焊位置、横焊位置、立焊位置、仰焊位置进行的焊接分别称为平焊、横焊、立焊、仰焊。T形（十字）接头和角接接头处于平焊位置进行的焊接称为船形焊。在工程上常用的水平固定管的焊接，由于管子在360°的焊接中，有仰焊、立焊、平焊，所以称全位置焊接。当焊件接缝置于倾斜位置（除平、横、立、仰焊位置以外）时进行的焊接称为倾斜焊。

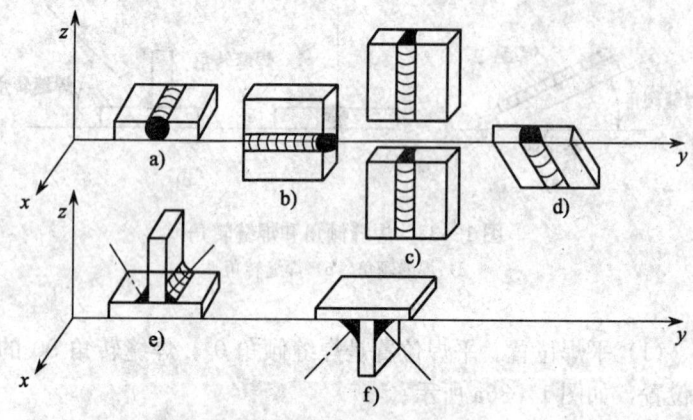

图 1—36 各种焊接位置
a) 平焊 b) 横焊 c) 立焊 d) 仰焊 e) 平角焊 f) 仰角焊

二、焊缝符号表示法

在图样上标注焊接方法、焊缝形式和焊缝尺寸的符号称为焊缝符号（焊缝代号）。

国家标准《焊缝符号表示法》（GB324—1988）等效采用了国际标准《焊缝在图样上的符号表示方法》（ISO 2553—84）。焊缝符号一般由基本符号与指引线组成。必要时还可以加上辅助符号、补充符号和焊缝尺寸符号。

1. 符号

(1) 基本符号。基本符号是表示焊缝横截面形状的符号，见表 1—8。

(2) 辅助符号。辅助符号是表示焊缝表面形状特征的符号，见表 1—9。如不需要确切地说明焊缝的表面形状时，可以不用辅助符号。

(3) 补充符号。补充符号是为了补充说明焊缝的某些特征而采用的符号，见表 1—10。

表 1—8　　　　　　　　　　基本符号

序号	名称	示意图	符号
1	卷边焊缝①（卷边完全熔化）		 八
2	I形焊缝		∥
3	V形焊缝		 ∨
4	单边V形焊缝		 ∨
5	带钝边V形焊缝		 Y
6	带钝边单边V形焊缝		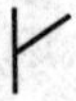 Y
7	带钝边U形焊缝		 Y
8	带钝边J形焊缝		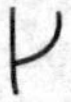 ⊢
9	封底焊缝		 ⌣
10	角焊缝	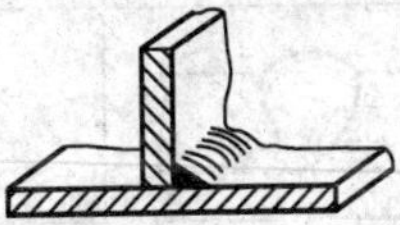	 △

续表

序号	名称	示意图	符号
11	塞焊缝或槽焊缝	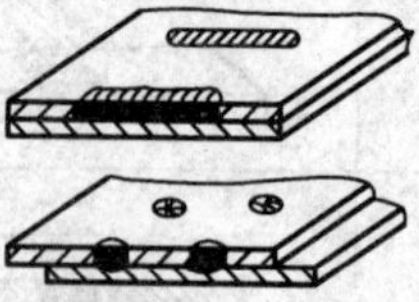	⊓
12	点焊缝	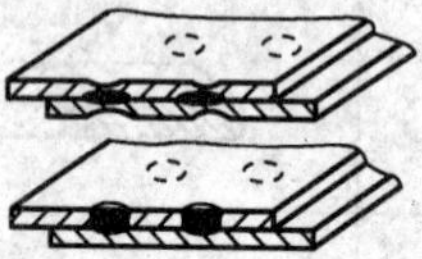	○
13	缝焊缝	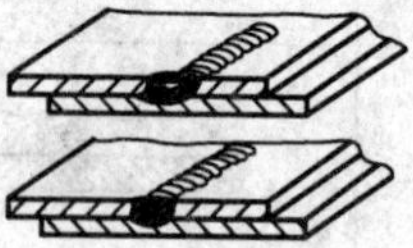	⊖

注：①不完全熔化的卷边焊缝用I形焊缝符号来表示，并加注焊缝有效厚度 S。

表 1—9　　　　辅助符号

序号	名称	示意图	符号	说明
1	平面符号		—	焊缝表面齐平（一般通过加工）
2	凹面符号	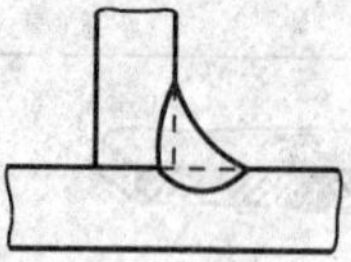	⌣	焊缝表面凹陷
3	凸面符号		⌢	焊缝表面凸起

表 1—10　　　　　　　补充符号

序号	名称	示意图	符号	说明
1	带垫板符号①		▭	表示焊缝底部有垫板
2	三面焊缝符号①	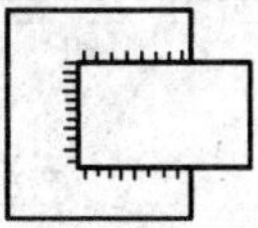	⊐	表示三面带有焊缝
3	周围焊缝符号	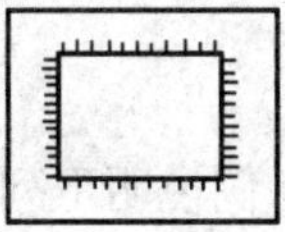	○	表示环绕工件周围焊缝
4	现场符号		 ▶	表示在现场或工地上进行焊接
5	尾部符号		 <	可以参照《焊接及相关工艺方法代号》(GB5185—2005)标注焊接工艺方法等内容

注：①ISO 2553 标准未作规定。

2. 符号在图样上的位置

（1）基本要求。完整的焊缝表示方法除了上述基本符号、辅助符号、补充符号以外,还包括指引线、一些尺寸符号及数据。

指引线一般由带有箭头的指引线(简称箭头线)和两条基准线(一条为实线,另一条为虚线)两部分组成,如图1—37所示。

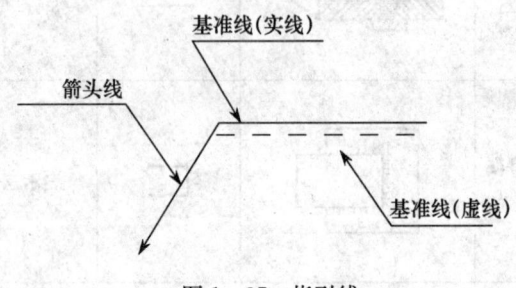

图1—37 指引线

(2) 箭头线和接头的关系

图1—38和图1—39给出的示例说明下列术语的含义:

1) 焊缝在接头的箭头侧。

2) 焊缝在接头的非箭头侧。

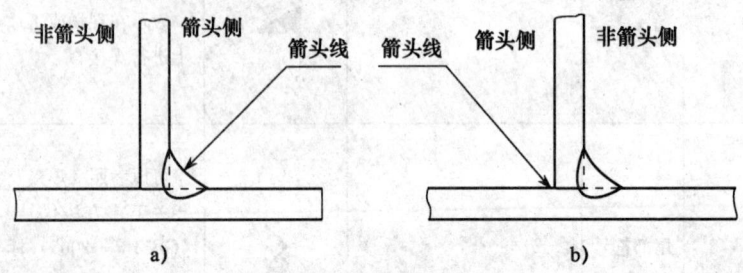

图1—38 单角焊缝的T形接头
a) 焊缝在箭头侧 b) 焊缝在非箭头侧

(3) 箭头线的位置。箭头线相对焊缝的位置一般没有特殊要求,但是在标注V、Y、J形焊缝时,箭头线应指向带有坡口一侧的工件，必要时，允许箭头线折一次，如图1—40所示。

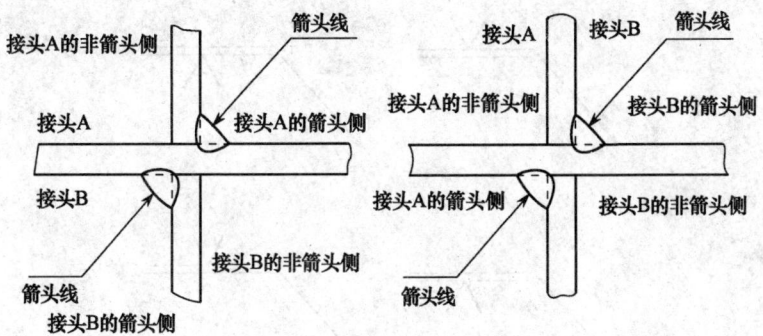

图1—39 双角焊缝十字接头

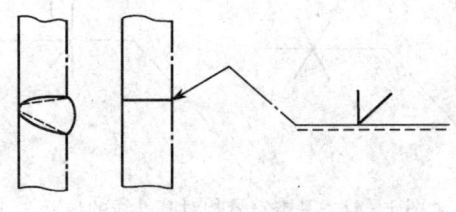

图1—40 弯折的箭头线

（4）基准线的位置。基准线的虚线可以画在基准线的实线下侧或上侧。基准线一般应与图样的底边相平行，但在特殊条件下也可与底边相垂直。

（5）基本符号相对基准线的位置。为了能在图样上确切地表示焊缝的位置，特将基本符号相对基准线的位置作如下规定：

1）如果焊缝在接头的箭头侧，则将基本符号标在基准线的实线侧，如图1—41a所示。

2）如果焊缝在接头的非箭头侧，则将基本符号标在基准线的虚线侧，如图1—41b所示。

3）标对称焊缝及双面焊缝时，可不加虚线，如图1—41c、

d 所示。

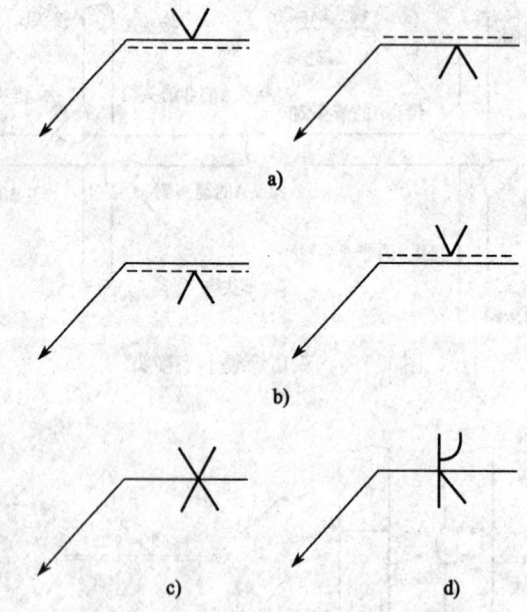

图 1—41 基本符号相对基准线的位置
a) 焊缝在接头的箭头侧　b) 焊缝在接头的非箭头侧
c) 对称焊缝　d) 双面焊缝

3. 焊缝尺寸符号及其标注位置

（1）基本符号必要时可附带有尺寸符号及数据，这些尺寸符号见表 1—11。

表 1—11　　　　　焊缝尺寸符号

符号	名称	示意图	符号	名称	示意图
δ	工件厚度		e	焊缝间距	

续表

符号	名称	示意图	符号	名称	示意图
α	坡口角度	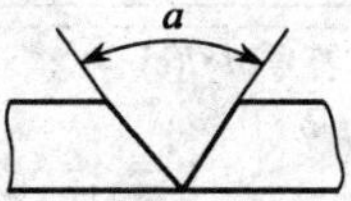	K	焊脚尺寸	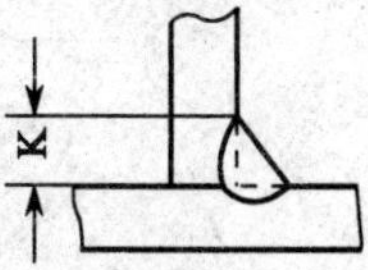
b	根部间隙	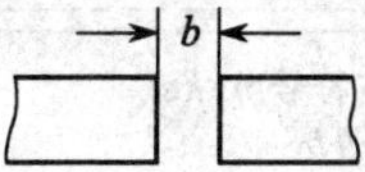	d	熔核直径	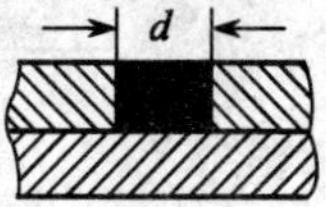
p	钝边	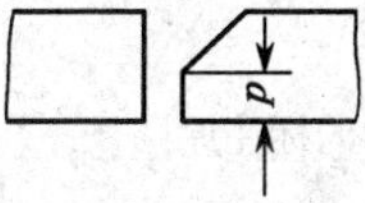	S	焊缝有效厚度	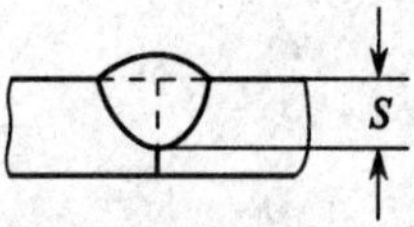
c	焊缝宽度	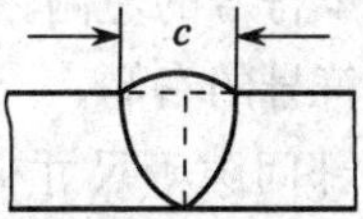	N	相同焊缝数量符号	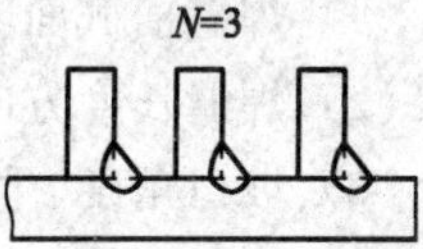
R	根部半径	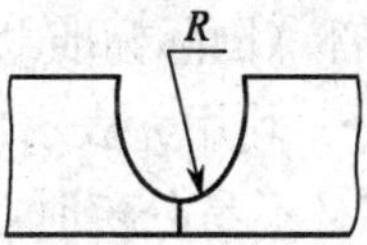	H	坡口深度	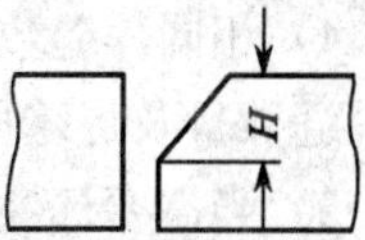
l	焊缝长度	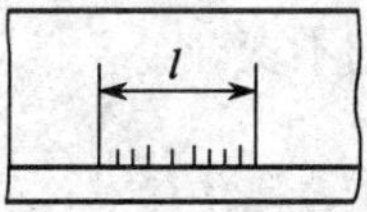	h	余高	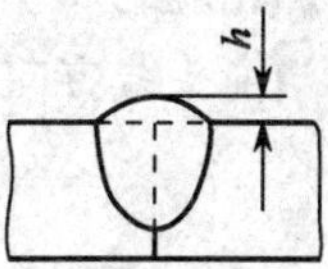
n	焊缝段数	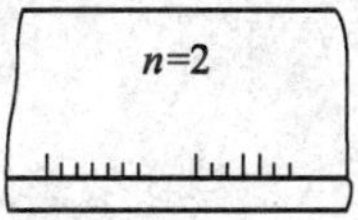	β	坡口面角度	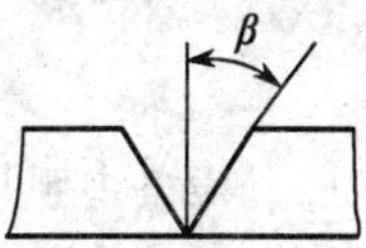

(2) 焊缝尺寸符号及数据的标注原则如图 1—42 所示。

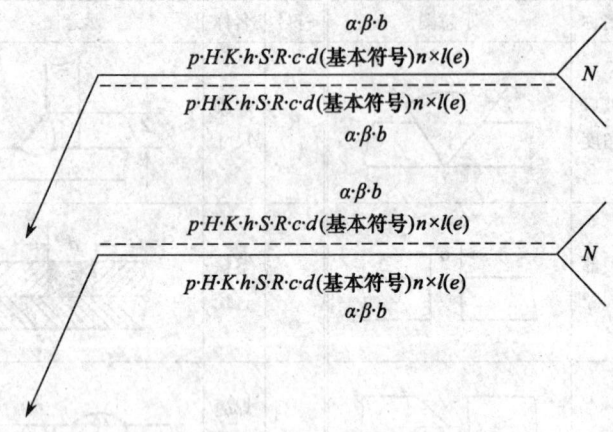

图 1—42　焊缝尺寸的标注原则

1) 焊缝横截面上的尺寸标在基本符号的左侧。
2) 焊缝长度方向尺寸标在基本符号的右侧。
3) 坡口角度、坡口面角度、根部间隙等尺寸标在基本符号的上侧或下侧。
4) 相同焊缝数量符号，标在尾部（国际标准 ISO 2553 对相同焊缝数量及焊缝段数未作明确区分，均用 n 表示）。
5) 当需要标注的尺寸数据较多又不易分辨时，可在数据前面增加相应的尺寸符号。

当箭头线方向变化时，上述原则不变。

模块六　焊条电弧焊工艺参数

一、焊条电弧焊的特点

焊条电弧焊是最常用的熔焊方法之一。在焊条末端和工件之间燃烧的电弧所产生的高温使药皮、焊芯和焊件熔化，药皮熔化过程中产生的气体和熔渣，不仅使熔池和电弧周围的空气隔绝，而且和熔化了的焊芯、母材发生一系列冶金反应，使熔池金属冷却结晶后形成符合要求的焊缝。

1. 焊条电弧焊的优点

(1) 设备简单，维护方便。

(2) 焊接操作灵活。在空间任意位置的焊缝，凡焊条能够达到的地方都能进行焊接。

(3) 应用范围广，适用于大多数工业用的金属和合金的焊接。

2. 焊条电弧焊的缺点

(1) 对焊工操作技术要求高。

(2) 劳动条件差。焊条电弧焊主要靠焊工的手工操作和眼睛观察完成全过程，焊工的劳动强度大，并且始终处于高温烘烤和有毒的烟尘环境中，因此，要加强劳动保护。

(3) 生产效率低。焊条电弧焊主要靠手工操作，并且焊接工艺参数选择范围较小，另外，焊接时要经常更换焊条，而且要经常进行焊道熔渣的清理，与自动焊相比，焊接生产率低。

二、焊条电弧焊工艺参数

焊接工艺参数，是指焊接时为保证焊接质量而选定的各物理量的总称。

焊条电弧焊的焊接工艺参数主要包括：焊条直径、电源种类和极性、焊接电流、电弧电压、焊接速度、焊接层数等。焊接工艺参数选择正确与否，直接影响焊缝的形状、尺寸、焊接质量和生产率，因此，选择合适的焊接工艺参数是焊接生产中十分重要的问题。

1. 焊条直径

生产中，为了提高生产率，应尽可能选用较大直径的焊条，但是用直径过大的焊条焊接，会造成未焊透或焊缝成形不良的缺陷。因此，必须正确选择焊条的直径。焊条直径大小的选择与下列因素有关：

（1）焊件的厚度。厚度较大的焊件应选用直径较大的焊条；反之，薄焊件的焊接，则应选用小直径的焊条。焊条直径与焊件厚度的关系见表1—12。

表1—12　　　　焊条直径与焊件厚度的关系　　　　　　mm

焊件厚度	≤1.5	2	3	4～5	6～12	≥12
焊条直径	1.5	2	3.2	3.2～4	4～5	4～6

（2）焊缝位置。在板厚相同的条件下焊接平焊缝用的焊条直径应比其他位置大一些，立焊最大不超过5 mm，而仰焊、横焊最大直径不超过4 mm，这样可形成较小的熔池，减少熔化金属的下淌。

（3）焊接层次。在进行多层焊时，如果第一层焊缝所采用的焊条直径过大，会造成因电弧过长而不能焊透，因此，为了防止根部焊不透，对多层焊的第一层焊道，应采用直径较小的焊条进行焊接，以后各层可以根据焊件厚度，选用较大直径的焊条。

（4）接头形式。搭接接头、T形接头因不存在全焊透问题，所以应选用较大的焊条直径，以提高生产率。

2. 电源种类和极性

这部分内容在模块四中已经进行了较为详细的介绍，此处不再赘述。

3. 焊接电流

焊接时流经焊接回路的电流称为焊接电流，焊接电流的大小直接影响着焊接质量和焊接生产率。

增大焊接电流能提高生产率，但电流过大易造成焊缝咬边、烧穿等缺陷，同时增加了金属飞溅，也会使接头的组织产生过热而发生变化；而电流过小也易造成夹渣、未焊透等缺陷，降低焊接头的力学性能，所以应适当地选择电流。焊接时决定电流强度的因素很多，如焊条类型、焊条直径、焊件厚度、接头形式、焊缝位置和层次等，但主要取决于焊条直径、焊缝位置、焊条类型和焊接层次。

(1) 焊条直径。焊条直径越大，熔化焊条所需要的电弧热量越多，焊接电流也越大。碳钢酸性焊条焊接电流大小与焊条直径的关系，一般可根据下面的经验公式来选择：

$$I_h = (35 \sim 55)d$$

式中　I_h——焊接电流，A；

　　　d——焊条直径，mm。

(2) 焊缝位置。相同焊条直径的条件下，在焊接平焊缝时，由于运条和控制熔池中的熔化金属都比较容易，因此，可以选择较大的电流进行焊接。但在其他位置焊接时，为了避免熔化金属从熔池中流出，要使熔池尽可能小些。通常立焊、横焊的焊接电流比平焊的焊接电流小10%～15%，仰焊的焊接电流比平焊的焊接电流小15%～20%。

(3) 焊条类型。当其他条件相同时，碱性焊条使用的焊接电流应比酸性焊条小10%～15%，否则焊缝中易形成气孔。不锈钢焊条使用的焊接电流比碳钢焊条小15%～20%。

(4) 焊接层次。焊接打底层时，特别是单面焊双面成形时，为保证背面焊缝质量，常使用较小的焊接电流；焊接填充层时为提高效率，保证熔合良好，常使用较大的焊接电流；焊接盖面层时，为防止咬边和保证焊缝成形，使用的焊接电流应比填充层稍小些。

在实际生产中，焊工一般可根据焊接电流的经验公式先算出一个大概的焊接电流，然后在钢板上进行试焊调整，直至确定合适的焊接电流。在试焊过程中，可根据下列几点来判断选择的电流是否合适：

第一，看飞溅。电流过大时，电弧吹力大，可看到较大颗粒的铁液向熔池外飞溅，焊接时爆裂声大；电流过小时，电弧吹力小,熔渣和铁液不易分清。

第二,看焊缝成形。电流过大时,熔深大、焊缝余高低、两侧易产生咬边;电流过小时,焊缝窄而高、熔深浅,且两侧与母材金属熔合不好;电流适中时,焊缝两侧与母材金属熔合得很好,呈圆滑过渡。

第三,看焊条熔化状况。电流过大时,当焊条熔化了大半根时,其余部分均已发红;电流过小时,电弧燃烧不稳定,焊条容易粘在焊件上。

4. 电弧电压

焊条电弧焊的电弧电压主要由电弧长度来决定。电弧长,电弧电压高;电弧短,电弧电压低。焊接时电弧电压由焊工根据具体情况灵活掌握。

在焊接过程中,电弧不宜过长,电弧过长会出现下列几种不良现象:

(1) 电弧燃烧不稳定,易摆动,电弧热能分散,飞溅增多,造成金属和电能的浪费。

(2) 焊缝厚度小,容易产生咬边、未焊透、焊缝表面高低不平、焊波不均匀等缺陷。

(3) 对熔化金属的保护差,空气中氧、氮等有害气体容易侵入,使焊缝产生气孔的可能性增加,使焊缝金属的力学性能降低。

因此,在焊接时应力求使用短弧焊接,相应的电弧电压为 $16 \sim 25$ V。在立焊、仰焊时弧长应比平焊时更短一些,以利于熔滴过渡,防止熔化金属下淌。碱性焊条焊接时应比酸性焊条弧长短些,以利于电弧的稳定和防止气孔。所谓短弧一般认为电弧长度是焊条直径的 $0.5 \sim 1.0$ 倍。

5. 焊接速度

单位时间内完成的焊缝长度称为焊接速度。焊接速度应该均匀适当,既要保证焊透又要保证不烧穿,同时还要使焊缝宽度和高度符合图样设计要求。

如果焊接速度过慢，使高温停留时间增长，热影响区宽度增加，焊接接头的晶粒变粗，力学性能降低，同时使变形量增大。当焊接较薄焊件时，则易烧穿。如果焊接速度过快，熔池温度不够，易造成未焊透、未熔合、焊缝成形不良等缺陷。

焊接速度直接影响焊接生产率，所以应该在保证焊缝质量的基础上，采用较大的焊条直径和焊接电流，同时根据具体情况适当加快焊接速度，以保证在获得焊缝的高低和宽窄一致的条件下，提高焊接生产率。

6. 焊接层数

在中厚板焊接时，一般要开坡口并采用多层多道焊。对于低碳钢和强度等级低的普低钢的多层多道焊，每道焊缝厚度不宜过大，过大时对焊缝金属的塑性不利，因此，对质量要求较高的焊缝，每层厚度最好不大于 5 mm。同样每层焊道厚度不宜过小，过小时焊接层数增多，不利于提高劳动生产率。根据实际经验，每层厚度约等于焊条直径的 0.8~1.2 倍时，生产率较高，并且比较容易保证质量和便于操作。

模块七　常用金属材料的焊接

一、焊接性试验

1. 焊接性概念

金属的焊接性是指金属材料对焊接加工的适应性，主要指在一定的焊接工艺条件下，获得优质焊接接头的难易程度。它包括两个方面的内容：

（1）接合性能。即在一定的焊接工艺条件下，被焊金属形成焊接缺陷的敏感性。主要是指能否获得优质致密、无缺陷焊接接头的能力。

(2) 使用性能。即在一定的焊接工艺条件下，被焊金属的焊接接头对使用要求的适应性。

对于不同材料和不同工作条件下的焊件，焊接性的主要内容不同。就是对于同一金属材料，采用不同焊接方法、焊接材料及在不同的工作条件下，其焊接性也可能有很大的差别。焊接性好的材料，在焊接时不须采用其他附加工艺措施，就能获得无焊接缺陷，并有良好力学性能的焊接接头。因此，焊接性只是相对比较的概念。

2. 影响焊接性的因素

金属材料焊接性的好坏，主要决定于材料的化学成分，而且与结构的复杂程度、刚度、焊接方法、采用的焊接材料、焊接工艺条件及结构的使用条件也有密切关系。

(1) 材料因素。材料因素包括焊件本身和使用的焊接材料，母材或焊接材料选用不当时，会造成焊缝金属化学成分不合格，力学性能和其他使用性能降低；还会出现气孔、裂纹等缺陷，使结合性能变差。

(2) 工艺因素。对于同一焊件，当采用不同的焊接工艺方法和工艺措施时，所表现的焊接性也不同。例如，钛合金对氧、氮、氢极为敏感，用气焊和手工电弧焊不可能焊好，而用氩弧焊或真空电子束焊，由于可防止氧、氮、氢等侵入焊接区，就比较容易焊接。

工艺措施对防止焊接接头缺陷，提高使用性能也有重要的作用。如焊前预热、焊后缓冷和去氢处理等，对防止热影响区淬硬变脆、降低焊接应力、避免氢致冷裂纹是比较有效的措施。另外，合理安排焊接顺序也能减小应力变形。

(3) 结构因素。焊接接头的结构设计会影响应力状态，从而对焊接性也会发生影响。应使焊接接头处于刚度较小的状态，能够自由收缩，有利于防止焊接裂纹。缺口、截面突变、焊缝余高过大、交叉焊缝等都容易引起应力集中，要尽量避免。不必要地增大焊件厚度或焊缝体积，会产生多向应力，也应注意防止。

（4）使用条件。焊接结构的使用条件是多种多样的，有高温、低温下工作和腐蚀介质中工作及在静载或动载条件下工作等。当在高温下工作时，可能产生蠕变；在低温下工作或冲击载荷下工作时，容易发生脆性破坏；在腐蚀介质下工作时，接头要求具有耐腐蚀性。总之，使用条件越不利，焊接性就越不容易保证。

3. 焊接性的间接判断法

判断焊接性最简便的间接法是碳当量鉴定法。所谓碳当量是指把钢中合金元素（包括碳）的含量，按其作用换算成碳的相当含量，可作为评定钢材焊接性的一种参考指标。

钢材的化学成分是决定焊接热影响区是否淬硬的基本条件。在钢材的各种化学元素中，对焊接性影响最大的是碳，碳是引起淬硬的主要元素，故常把钢中含碳量的多少作为判别钢材焊接性的主要标志，钢中含碳量越高，其焊接性越差。钢中除了碳元素以外，其他的元素如锰、铬、镍、铜、钼等对淬硬都有影响，故可将这些元素根据它们对焊接性影响的大小，折合成相当的碳元素含量即碳当量，来判别焊接性的好坏。

碳当量的估算公式有很多形式，下列碳当量公式是国际焊接协会推荐的估算碳钢及低合金钢的碳当量公式：

$$C_E = C + \frac{Mn}{6} + \frac{Cr + Mo + V}{5} + \frac{Ni + Cu}{15}$$

式中元素的符号表示其在钢中含量的百分数。根据经验：当 $C_E < 0.4\%$ 时，钢材的淬硬倾向不明显，焊接性优良，焊接时不必预热；当 $C_E = 0.4\% \sim 0.6\%$ 时，钢材的淬硬倾向逐渐明显，需要采取适当预热、控制线能量等工艺措施；当 $C_E > 0.6\%$ 时，淬硬倾向更强，属于较难焊的材料，需采取较高的预热温度和严格的工艺措施。

用上述方法来判断钢材的焊接性只能作近似的估计，并不完全代表材料的实际焊接性。例如，16锰铜钢的碳当量约在0.34%～0.44%，焊接性尚好，但当厚度增大时，焊接性变差。

4. 焊接性的直接试验法

采用新材料制造焊接产品，必须知道这种材料的特点，及产品在焊接和使用中可能出现的问题，以便在焊接时采取相应的工艺措施。

通过焊接性的直接试验，可以用较小的代价获得进行生产准备和制定焊接工艺措施的初步依据。具体来说可以达到以下目的：

(1) 选择适用于基体金属的焊接材料。

(2) 确定合适的焊接工艺参数，如焊接电流、电弧电压、焊接速度与预热温度、层间保温、焊后缓冷及热处理的要求等。

(3) 用于研制新的材料，直接焊接性试验包括抗裂性和焊接接头使用性能试验两方面。

二、碳钢及低合金钢的焊接

碳素钢是以铁为基体，以碳为主要合金元素的铁碳合金（含碳量小于2%），碳素钢是工业中应用最广泛的金属材料。工业中使用的碳素钢，含碳量很少超过1.4%，用于制造焊接结构的钢材，其含碳量还要低得多。

1. 低碳钢的焊接

(1) 低碳钢的焊接性。由于含碳及其他合金元素少，低碳钢塑性好，而且淬硬倾向小，是焊接性最好的金属材料。一般情况下，在焊接过程中不需要采取预热和焊后热处理的工艺措施。可以满足手工电弧焊各种不同空间位置的焊接，且焊接工艺和操作技术比较简单，容易掌握。不需要选用特殊和复杂的设备，对焊接电源无特殊要求，一般交、直流弧焊机都可焊接。

(2) 低碳钢常用的焊接方法和焊接材料。低碳钢几乎可采用所有的焊接方法来进行焊接，并都能保证焊接接头的良好质量。用得最多的是手工电弧焊、埋弧自动焊、二氧化碳气体保护焊、电渣焊等。

低碳钢焊接广泛采用手工电弧焊。根据低碳钢的强度等级,选用相应强度等级的结构钢焊条,并考虑结构的工作条件,选用酸性或碱性焊条。采用碱性焊条时,焊缝金属的抗裂性和低温冲击韧性较好。常用低碳钢焊接的焊条选择见表1—13。

表1—13　　　　常用低碳钢焊接的焊条选择

钢号	选用的焊条型号		施焊条件
	一般结构(包括厚度不大的低压容器)	受动载荷,厚板结构,中、高压及低温容器	
Q235 Q255	E4313　E4303　E4301 E4320　E4310	E4316　E4315 (或 E5016　E5015)	一般不预热
10、15 15g 20、20g	E4303　E4301 E4320　E4310	E4316　E4315 (或 E5016 E5015)	一般不预热
20g、25、30	E4316　E4315	E5016　E5015	厚板结构 预热150℃

低碳钢焊接一般不会遇到特殊困难,焊后一般也不需要进行热处理(电渣焊除外)。但是当焊件较厚或刚度很大,同时对接头性能要求又较高时,则要进行焊后热处理,其目的一方面是为了消除焊接应力,另一方面是为了改善局部组织及平衡接头各部位的性能。例如,锅炉汽包,即使采用焊接性良好的低碳钢,由于板厚较大,仍要进行600~650℃的焊后热处理。

2. 低合金钢的焊接

(1) 16Mn 钢的焊接。16Mn 钢具有良好的焊接性,淬硬倾向比 Q235 钢稍大些。在大厚度、大刚度结构上进行小工艺参数、小焊道的焊接时可能出现裂纹,特别是在低温条件下进行焊接。因此,在低温条件下焊接时应适当地预热。常见的焊接方法都可用于 16Mn 钢的焊接。

(2) 15MnV 钢和 15MnTi 钢的焊接。这两类钢均属于 400 MPa

级的普低钢。钒和钛的加入，能使钢材强度增高，同时又能细化晶粒，减少钢材的过热倾向。

1) 焊接性。15MnV 钢和 15MnTi 钢含碳量的上限比 16Mn 钢低 0.02%，所以具有良好的焊接性。当板厚小于 32 mm，在 0℃ 以上焊接时，原则上可不预热。当板厚大于 32 mm 或在 0℃ 以下施焊时，应预热到 100～150℃，焊后采用 550～560℃ 的回火处理。

2) 焊接方法。常用的焊接方法都可用于 15MnV 钢和 15MnTi 钢的焊接。

15MnTi 钢是正火状态下使用的钢种。Ti 起弥散强化作用，因而对热的敏感性较大，适用较小的焊接规范。

(3) 18MnMoNb 钢的焊接。18MnMoNb 钢属于 500 MPa 级的普低钢。

1) 焊接性。18MnMoNb 钢的碳当量为 0.57%，所以焊接性较差，焊接时具有一定的淬硬倾向，故焊前一般需要预热，预热温度为 200～250℃。为防止焊后产生延迟裂纹，焊后应立即进行 650℃ 的回火处理。

2) 焊接方法。18MnMoNb 钢焊接装配点固前应局部预热到 170℃ 以上，否则会在焊接热影响区产生微裂纹。手弧焊时，可采用 E6016—D1、E7015—D2 等抗拉强度大于 650 MPa 的焊条。埋弧自动焊时，层间温度应控制在 300℃ 以下。

3. 珠光体耐热钢焊接

高温下具有足够的强度和抗氧化性的钢叫做耐热钢。珠光体耐热钢是以铬、钼为主要合金元素的低合金钢，由于它的基体组织是珠光体，故称珠光体耐热钢。

(1) 珠光体耐热钢的特性。珠光体钢合金元素总量一般不超过 5%，在 500～600℃ 有良好的热强性，工艺性好，比较经济。钢中的铬、钼含量是决定钢的抗氧化能力和热强性的主要因素。

(2) 珠光体耐热钢的焊接性。淬硬倾向较大，易产生冷裂纹。多出现在焊缝和热影响区中。焊后热处理过程中易产生再热裂纹。

(3) 耐热钢的焊接工艺。焊接珠光体耐热钢一般都需预热，定位焊也需预热，焊后一般要求采取保温措施，重要结构焊后需要进行后热处理。后热是在预热温度上限保温数小时后，再开始缓冷。

为了消除焊接应力。改善焊接接头的力学性能，提高高温性能和防止变形，焊后一般采用高温回火。

(4) 珠光体耐热钢的焊接方法。一般的焊接方法均可焊接珠光体耐热钢，手工电弧焊和埋弧自动焊的应用较多，CO_2 气体保护焊也日益增多，电渣焊在大断面焊接中得到应用。在焊接重要的高压管道时，常用钨极氩弧焊封底，然后用熔化极气体保护焊或手弧焊盖面。

4. 奥氏体不锈钢焊接

(1) 不锈钢的焊接性

1) 焊接接头的腐蚀。整体腐蚀、晶间腐蚀、应力腐蚀。

2) 热裂纹。包括焊缝的纵向裂纹和横向裂纹、弧坑裂纹，打底焊的焊根裂纹和多层焊的层间裂纹等。

3) 焊接接头的脆化

①475℃脆性。焊接过程中不可避免地要经历这个温度。已产生 475℃脆化的焊缝，可经 900℃淬火消除。

②σ 相脆化。不锈钢焊接接头在 375～875℃ 范围内长期使用，会产生一种 Fe-Cr 金属间化合物，称为"σ 相"。为了消除已经生成的 σ 相，恢复焊接接头的韧性，可以把焊接接头加热到 1 000～1 050℃，然后快速冷却。

③熔合线脆断。奥氏体不锈钢在高温下长期使用，在沿焊缝熔合线外几个晶粒的地方会发生脆断现象，此种现象称为熔合线脆断。

(2) 奥氏体不锈钢特性

1) 晶间腐蚀。晶间腐蚀发生于晶粒边界，所以叫晶间腐蚀，它是奥氏体金属最危险的破坏形式之一。不锈钢具有抗腐蚀能力的必要条件是含铬量大于 12%。当含铬量小于 12% 时，就会失去抗腐蚀的能力。焊接时采用以下措施，可以减小和防止晶间腐蚀的产生：

① 选用超低碳（含碳量小于 0.03%）或添加钛或锡等稳定元素的不锈钢焊条。

② 采用小电流、快速焊、短弧焊及不做横向摆动。焊缝可强制冷却以加快冷却速度，减小热影响区。多层焊时要控制层间温度，前一道焊缝要冷却到 60℃ 以下再焊。

③ 接触介质的焊缝最后施焊。

④ 焊后固溶处理。将工件加热至 1 050～1 100℃，使碳迅速熔入奥氏体中，然后迅速冷却，形成稳定的奥氏体组织。

⑤ 采用双相组织。使接头中形成奥氏体加铁素体的双相组织，减少和隔断奥氏体晶粒的连续晶界。

2) 热裂纹。因为奥氏体不锈钢液相线和固相线距离大，使低熔点杂质偏析严重而且集中在晶界处，加之膨胀系数大，冷却时收缩应力大，所以易产生热裂纹。

(3) 奥氏体不锈钢的焊接工艺

1) 采用小线能量、小电流快速焊。焊条不应做横向摆动，焊道宜窄不宜宽，最好不超过焊条直径的 3 倍。同样直径的焊条焊接电流值比低碳钢焊条降低 20% 左右，一般取焊条直径的 25～30 倍。小线能量、小电流短弧快速焊，冷却速度快，在敏化温度区停留时间短，有利于防止晶间腐蚀；小线能量即热输入小，焊接应力就小，有利于防止应力腐蚀和热裂纹；热输入小，焊接变形就小。此外，焊接电流小，可防止奥氏体不锈钢焊条药皮发红和开裂，保证焊条药皮的机械保护作用。

2) 要快速冷却。焊后可采取强制冷却措施，以减小在敏化温度区停留时间，防止晶间腐蚀。

3) 不进行预热和后热工艺。奥氏体不锈钢焊接时，不能采取预热和后热工艺措施，防止降低焊后冷却速度。多层多道焊时，各道间温度应低于60℃。

4) 不锈钢焊后热处理。奥氏体不锈钢制压力容器焊接时，一般不进行消除焊接残余应力的焊后热处理。在有应力腐蚀破裂倾向时，需要进行消除应力退火，可在低于350℃或高于850℃进行退火处理，也可用锤击法来松弛焊接应力。

5) 采用适当的焊后处理。为增加奥氏体不锈钢的耐腐蚀性，焊后应进行表面处理。处理的方法有抛光和钝化。

①表面抛光处理。不锈钢焊件表面如有刻痕、凹痕、粗糙点、污点，会加快腐蚀。表面越细越光滑，抗腐蚀性越好；因为细光的表面能产生一层致密而均匀的氧化膜，能保护内部金属不再受到氧化和腐蚀。

②表面钝化处理。钝化处理是在不锈钢表面人工形成一层氧化膜，起保护作用。钝化处理的流程为：表面清理和修补—酸洗—水洗和中和—钝化—水洗和吹干。

(4) 奥氏体不锈钢焊接方法的选用。总的来说，奥氏体不锈钢具有优良的焊接性。一般常用的熔化焊方法都能焊奥氏体不锈钢。但从经济、实用和技术性能方面考虑，最好采用焊条电弧焊、钨极氩弧焊、埋弧自动焊、熔化极氩弧焊和等离子弧焊等。由于电渣焊热过程特点，在高温停留时间长，焊接速度慢，冷却速度慢，线能量大，使接头抗晶间腐蚀能力降低，并且在熔合线附近易产生严重的刀状腐蚀，因此极少应用。

1) 焊条电弧焊。焊条电弧焊是奥氏体不锈钢最常用的焊接方法。

①奥氏体不锈钢焊条的选用。为了保证奥氏体不锈钢的焊缝金属具有与母材相同的耐腐蚀性能和其他性能，应根据母材的化学成分，选用化学成分类型相同的奥氏体不锈钢焊条，焊条含碳量不高于母材，铬、镍含量不低于母材。常用奥氏体不锈钢焊条选用示例见表1—14。

表 1—14　　　　常用奥氏体不锈钢焊条

焊接材料钢号	焊条牌号	焊条型号	氩弧焊焊丝	埋弧自动焊焊丝	埋弧自动焊焊剂
00Cr19Ni10	A002	E308L—16	H00Cr21Ni10	H00Cr21Ni10	HJ151 SJ601
0Cr18Ni9 1Cr18Ni9	A102 A107	E308—16 E308—15	H00Cr21Ni10	H00Cr21Ni10	HJ260 SJ601 SJ608，SJ701
1Cr18Ni9Ti 0Cr18Ni10Ti	A132	E347—16	H00Cr20Ni10Ti	H00Cr20Ni10Ti H00Cr21Ni10Ti	HJ260 HJ151 SJ608，SJ701
0Cr18Ni11Nb	A137	E347—15	H00Cr20Ni10Nb	H00Cr20Ni10Nb	HJ260 HJ172
1Cr18Ni12 0Cr18Ni12Mo2	A202 A207	E316—16 E316—15	H1Cr24Ni13 H00Cr19Ni12Mo2	H1Cr24Ni13 H00Cr19Ni12Mo2 H00Cr19Ni12Mo2	HJ260 SJ601 HJ260
0Cr23Ni13	A302 A307	E309—16 E309—15	H1Cr24Ni13	H1Cr24Ni13	HJ260
0Cr25Ni20	A402 A407	E310—16 E310—15	H00Cr26Ni21	H00Cr26Ni21	HJ260

奥氏体不锈钢焊条的药皮通常有钛钙型（AX X2）和低氢型（AX X7）两种。对热裂纹倾向较大的不锈钢，如 25—20 型，多选用碱性药皮焊条。一般 18—8 型不锈钢，钛钙型焊条使用的较多，钛钙型焊条焊缝成形美观，抗腐蚀性较好，电弧稳定，飞溅少，脱渣容易。钛钙型焊条可交直流两用，但交流焊时熔深较浅，同时交流焊时比直流焊时药皮容易发红。交流电弧也没有直流电弧稳，所以应尽可能用直流电源。

②焊接工艺参数的选择。奥氏体不锈钢焊接，为了防止晶间腐蚀和应力腐蚀，防止热裂纹，减小焊接变形，采用小线能量，小电流短弧快速焊，采用多层多道焊，焊条不摆动，窄道焊。焊

接电流比焊低碳钢时小,可按表1—15选择。多层多道焊时,要控制道间温度,要冷却到60℃左右(手能摸了)再焊下一道。

表1—15　奥氏体不锈钢焊接电流的选择

焊条直径(mm)	2.0	2.5	3.2	4.0	5.0
焊接电流(A)	25~50	50~80	80~110	110~160	160~200

2) 氩弧焊。氩弧焊是奥氏体不锈钢常用的焊接方法。氩弧焊用的焊丝化学成分类型与母材相同。

①钨极氩弧焊。钨极氩弧焊适用于厚度不超过8mm的板结构,特别适宜于厚度3mm以下的薄板,直径60mm以下的管子以及厚件单面焊的打底焊。

表1—16是手工钨极氩弧焊(TIG焊)焊接薄板工艺参数示例。表1—17是钨极氩弧焊(TIG焊)打底焊的工艺参数示例。表1—18是管道和管板自动TIG焊的焊接工艺参数示例。

表1—16　手工TIG焊焊接薄板工艺参数示例

板厚 (mm)	接头 形式	钨极直径 (mm)	焊丝直径 (mm)	焊接电流 (A)	焊接速度 (mm/min)	氩气流量 (L/min)	电流类型
1.0+1.0	对接	2	1.6	35~75	150~550	3~4	交流
1.0+1.0	对接	2	1.6	30~60	110~450	3~4	直流正极
1.2+1.2	对接	2	1.6	50	250	3~4	直流正极
1.5+1.5	对接	2	1.6	45~85	120~500	3~4	交流
1.5+1.5	对接	2	1.6	40~75	80~300	3~4	直流正极
1.0+1.0	角接	2	—	45	230	3~4	交流
1.5+1.5	T形接	2	1.6	40~60	60~80	3~4	交流

表1—17　TIG打底焊的工艺参数示例

管道规格	钨极直径 (mm)	钨极伸出长度(mm)	焊接电流 (A)	喷嘴直径 (mm)	填充焊丝直径(mm)	氩气流量 (L/min)
小直径薄壁管	2.5	5~6	90~110	8	2.4	8~12
大直径厚壁管	2.5	6~8	110~130	8	2.4	10~15

表 1—18　管道和管板自动 TIG 焊的焊接工艺参数示例

接头种类	坡口形式	管道尺寸 (mm)	钨极直径 (mm)	层次	焊接电流 (A)	电弧电压 (V)	焊接速度 (r/min)	填充丝直径 (mm)	送丝速度 (mm/min)	氩气流量 (L/min) 喷嘴	氩气流量 (L/min) 管内
管子对接（全位置）	管道扩口	φ18×1.25	2	1	60~62	9~10	0.07~0.08	—	—	8~10	1~3
管子对接（全位置）	管道扩口	φ32×1.5	2	1	54~59	8~9	0.045~0.05	—	—	10~13	1~3
管子对接（全位置）	V形	φ32×3	2~3	1	110~120	10~12	24~28	0.8	760~800	8~10	4~6
管子对接（全位置）	V形	φ32×3	2~3	2~3	110~120	12~14	24~28	0.8	760~800	8~10	4~6
管板	管道开槽	φ13×1.25	2	1	65	9.6	14	—	—	7	—
管板	管道开槽	φ18×1.25	2	1	90	9.6	19	—	—	7	—

②熔化极氩弧焊。熔化极氩弧焊可以用于焊接厚板。但熔化极氩弧焊焊接奥氏体不锈钢时,焊缝成形差,焊缝窄而高。因此应用少。为了解决这一问题,可采用富氩混合气体保护,再采用脉冲电流,即采用混合气体的熔化极脉冲氩弧焊。

特别提示:

- 为防止晶间腐蚀,与腐蚀介质接触的焊缝最后焊。
- 定位焊用细焊条,定位焊道高度不超过 2 mm,定位焊道的长度和间距见表1—19。
- 对装配好的坡口及两侧各 20~30 mm 范围内,用汽油或丙酮、乙醇擦洗,去除油污。
- 为避免焊条电弧焊的飞溅损伤不锈钢表面,在坡口刷涂石灰水或专用防飞溅剂。
- 不要在坡口之外的焊件上打弧,连接焊件的地线要接好,避免起弧损伤不锈钢表面,降低抗腐蚀性。
- 焊条电弧焊时,要注意填满弧坑,防止弧坑热裂纹。
- 矫正焊接变形只能用机械矫正,不能用火焰矫正;以免降低抗晶间腐蚀能力。

表1—19　　奥氏体不锈钢定位焊道的长度和间距

板厚(mm)	≤2	3~5	>5
焊道长度(mm)	5~8	10~15	15~25
间距(mm)	40~50	80~100	200~300

第二单元 焊接实践练习

模块一 焊接设备与工具

一、电弧焊机

1. BX3—300 型交流电焊机及其操作

BX3—300 型交流电焊机如图 2—1 所示。

(1) 焊机的启动与停止。BX3—300 型交流电焊机启动前，首先将焊钳及电缆线放在绝缘的地方，然后合上低压断路器，接通电源，将焊机上的转换开关旋转到所需的挡位。

启动前要注意焊钳与焊件不得接触，以防短路。在合闸启动时，面部切勿正对开关，以防意外事故。当焊接工作结束或临时离开工作场地时，必须切断电源。BX3—300 型交流电焊机结束工作时，先将焊钳放置于安全的地方后，将焊机上的转换开关旋转至零位，再切断电源。

(2) 焊接电流的调节

1) 粗调节。电流的粗调节是将转换开关旋转至相应的挡位。Ⅰ挡时，空载电压为 75 V，焊接电流调节范围为 40~125 A；Ⅱ挡时，空载电压为 60 V，焊接电流调节范围为 115~400 A。

2) 细调节。通过装在焊机顶部的旋转手柄来完成。逆时针旋转电流增大，顺时针旋转电流减小。

2. ZX7—400 型逆变整流弧焊机及其操作

(1) 构造。ZX7—400 型逆变整流弧焊机主要由三相全波整流器、逆变器、中频变压器、电抗器及电子控制电路等部件组成。其外形如图 2—2 所示。

（2）电流的调节。焊接电流的调节是借助焊机面板上的焊接

图 2—1　BX3—300 型交流电焊机

图 2—2　ZX7—400 型逆变整流弧焊机

电流控制器来完成的。

1）焊机电弧推力的强度可调节。电弧推力大可以克服一般弧焊整流器电弧特性软的缺点，施焊时可保证引弧容易，促进熔滴过渡，不粘焊条。

2）焊机有连弧操作和断弧操作选择按钮，当选择连弧操作时，可保证电弧拉长不易熄弧；当选择断弧操作时，配以适当的推力电流可保证焊条一接触焊件就引燃电弧，电弧拉长到一定长度就熄弧，并且灭弧长度可调。

3）焊机的控制板全部采用集成电路，出现故障时，只需更换备用板，焊机就能正常使用，维修方便。

3. 焊机的使用规则

正确使用焊机是延长焊机寿命，保证正常工作和焊接质量的重要环节。其使用规则是：

（1）严格按照焊机铭牌上标的技术参数使用焊机，不得超载使用。

（2）焊机工作时，不允许长时间短路。特别应该注意，在没有切断电源又不进行焊接的情况下，要防止焊钳与工件接触，以免造成短路现象。

（3）工作中要检查焊机的温度是否超过 60℃（即手掌所能承受的温度）。如果焊机过热，则应等焊机温度降低后，再进行焊接。而当运转不久即发生过热现象时，应立即切断电源，检查修理。

（4）使用前，应检查焊机各处的接线是否正确，导线各接头应牢固可靠，外壳应有可靠的接地。一切正常后，方可合闸使用。

4. 焊机在使用过程中的注意事项

（1）焊机的接线和安装禁止自行操作，应由专门的电工负责。

（2）弧焊变压器和弧焊整流器禁止不接地使用，以防机壳带电而发生触电事故。

（3）焊机接入电网时，应注意焊机与电网电压相符合。

（4）推拉电源刀开关时，应戴好干燥的绝缘手套，禁止面对开关，以免推拉开关可能发生电弧火花而灼伤面部。

（5）当焊钳和焊件接触时，禁止启动焊机，以免启动电流过大烧毁焊机。暂停工作时不得将焊钳直接放在焊件上。

（6）禁止违背焊机的额定电流和负载持续率使用焊机，以免焊机过载而损坏。

（7）禁止焊机移动时受到剧烈振动，特别是弧焊整流器设备更忌振动，以免影响其工作性能。

（8）当焊机发生故障时，禁止带电进行检查和修理，以防发生触电。

（9）焊接电缆不准放在焊接电弧的附近或炽热的金属焊缝上，以免高温烧损绝缘层，同时也要避免电缆被刮伤、磨损。

（10）遇到焊工触电时，不能直接用手去拉触电者，应先迅速切断电源,再进行抢救。

三、电焊常用工具、量具

1. 常用工具

为了保证焊接过程的顺利进行,保障焊工的安全,焊条电弧焊必须备有相应的工具。

(1) 焊接电缆。焊接电缆是连接焊机与焊钳、焊机与焊件的导线,其作用是传导焊接电流。电缆线应柔软易弯曲,具有良好的导电性能,外表应具有良好的绝缘层。电缆线外皮如有损坏,应立即用绝缘胶布包好或更换,以免发生触电事故。电缆线截面积的大小应根据焊接电流和导线的长度选定,见表2—1。

表 2—1   电缆线截面积选择表

电缆线截面积(mm^2) / 焊接电流(A) \ 电缆线长度(m)	20	30	40	50	60	70	80	90	100
100	25	25	25	25	25	25	25	28	35
150	35	35	35	35	50	50	60	70	70
200	35	35	35	50	60	70	70	70	70
300	35	50	60	60	70	70	70	85	85
400	35	50	60	70	85	85	85	95	95
500	50	60	70	85	95	95	95	120	120
600	60	70	85	85	95	95	120	120	120

(2) 焊钳。焊钳用于夹持焊条并传导电流。焊钳应具有良好的导热性,接触电阻小,在较长时间内使用时手柄也不致太热,夹持焊条要牢固方便。钳口上的熔渣要经常清除,以减小电阻、降低发热量、延长使用寿命。焊钳的构造如图2—3所示。常用焊钳的规格有250A、300A和500A三种。

(3) 保温筒。保温筒能保持筒内电焊条干燥,是保证焊接质量不可缺少的工具。使用保温筒时,先将焊条装入筒内,盖好上盖,按需要温度将调温器旋转调至规定刻度。在焊机送电的情况下,将鳄鱼卡卡在地线上,把焊把线卡在接线柱上,即可对焊条加热烘干。取焊条前,应将焊把取下,切断保温筒电源。从保温筒中取焊条时,应先将筒内的托盘提起,以防烫伤。保温筒不要放在潮湿处,要放置平稳,避免碰撞,以免损伤内部元件。

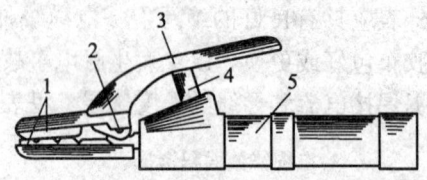

图2—3 焊钳的构造
1—钳口 2—固定销 3—弯臂 4—弹簧
5—胶木手柄

(4) 敲渣锤。敲渣锤有 0.5 kg、0.75 kg、1.5 kg 三种。锤的两端可根据实际需要磨成圆锥形或扁铲形等。

(5) 钢丝刷。为清理坡口内层间焊道,钢丝刷宜采用2～3行的窄形弯把刷。敲渣锤和钢丝刷的作用主要是清理焊缝表面、焊缝层间的熔渣及焊件上的铁锈、油污。

2. 常用量具

(1) 常用量具种类及作用。电焊工常用的量具有普通量具和焊接测量器等。

普通量具主要有钢直尺和钢卷尺,用于检查焊缝的长度。

焊接测量器是一种精确测量焊缝的量规,使用范围很广,它可以测量焊接构件及焊接零件的坡口角度、间隙宽度、焊缝高度等。其构造如图2—4所示。

(2) 常用量具的维护保养。使用量具时应避免磕碰划伤、接触腐蚀性气体和液体,保持量具表面清洁,量具用后应放入专用的封套内。

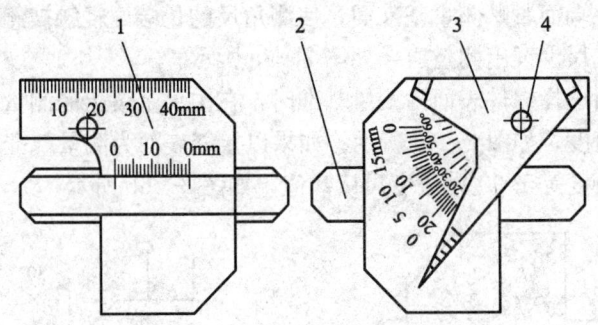

图2—4 焊接测量器的构造
1—主尺 2—活动尺 3—测角尺 4—铆钉

(3) 试测量

1) 焊件错边量及焊缝余高的测量。以焊件表面为测量基准,用主尺和活动尺进行测量,测量时,主尺窄端面紧贴测量基准面,使活动尺尖端轻触被测面,然后在主尺上读出测量值,如图2—5所示。

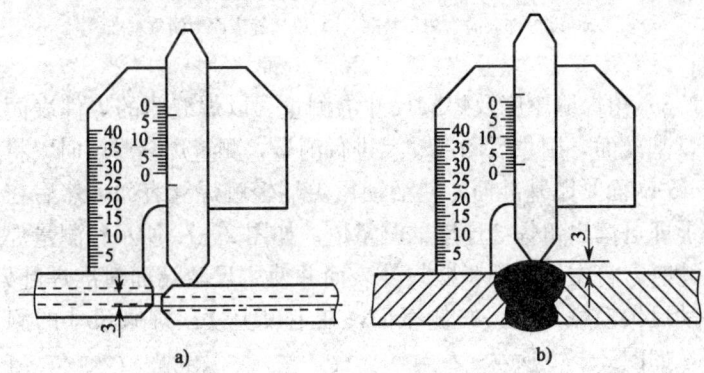

图2—5 错边量及焊缝余高的测量
a) 错边量的测量 b) 焊缝余高的测量

2) 坡口角度的测量。坡口角度测量可选择焊件接缝表面或焊件表面作为测量基准，用主尺和测角尺进行测量，测量时，将主尺大端面紧贴测量基准面，使测角尺的长端面轻触被测面，然后在主尺上读出测量值，如图 2—6a 所示。

当选择焊件表面为测量基准时，在主尺上读出的测量值即为坡口角度，如图 2—6a 所示；如果以接缝表面为测量基准时，其坡口角度等于 90°减去主尺读数值，如图 2—6b 所示。

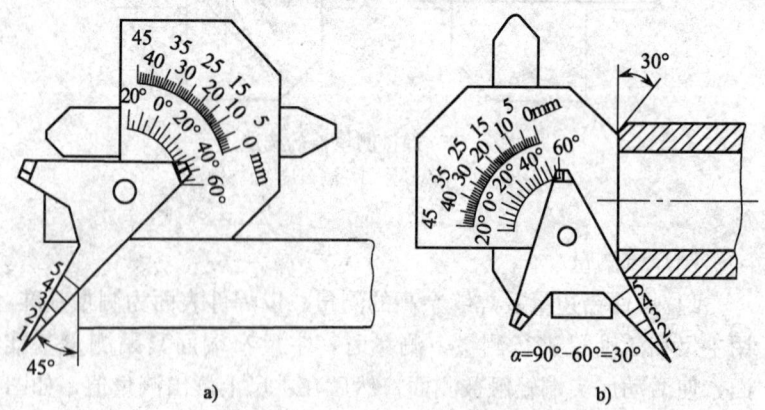

图 2—6 坡口角度的测量
a) 以焊件表面为测量基准 b) 以接缝表面为测量基准

3) 角焊缝厚度及焊脚尺寸的测量。以焊缝侧的焊件表面为测量基准面，用主尺和活动尺进行测量，测量焊缝厚度时，将主尺 45°端面紧贴基准面，使活动尺尖端轻触焊缝表面，然后在主尺上即可读出角焊缝厚度的测量值，如图 2—7a 所示；测量焊脚尺寸时，将主尺端面紧贴焊件表面并使主尺窄端面对准焊趾处，活动尺尖轻触焊件另一侧表面，在主尺上读出焊脚尺寸的测量值，如图 2—7b 所示。

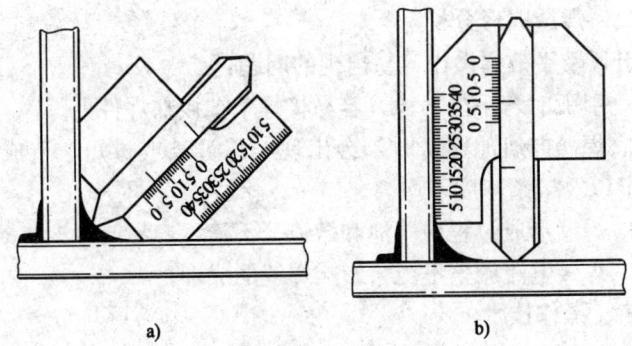

图 2—7 角焊缝厚度及焊脚尺寸的测量
a) 角焊缝厚度的测量　b) 焊脚尺寸的测量

模块二　引弧与平敷焊

一、图样及技术要求

平敷焊工件示意图如图 2—8 所示。

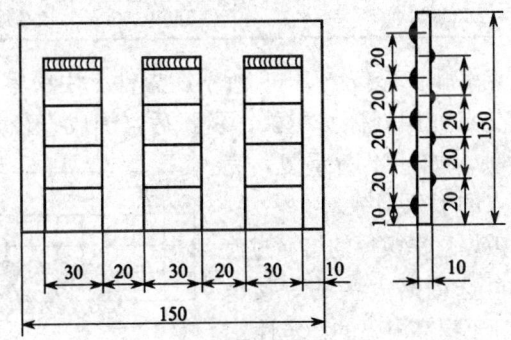

技术要求
1. 由板的中间向四周进行焊接。
2. 焊缝宽度 $c=10\sim12mm$，余高 $h\leqslant2mm$。
3. 起头处无夹渣，收尾处无弧坑等缺陷。
4. 焊缝焊波均匀，焊后的焊件上不应有夹渣、气孔等缺陷。

图 2—8　平敷焊工件示意图

二、焊缝成形分析

引弧及平敷焊操作容易出现的问题:

1. 引弧时若手法不稳,容易将焊条粘接在焊件上。
2. 焊条向熔池输送时,会出现电弧过长或过短,造成电弧不稳定以及运条速度不均匀。
3. 焊缝形成过程中熔池和熔渣分不清,容易产生夹渣缺陷。
4. 焊接电流调整不当会影响焊缝的成形。

三、操作技术

1. 焊前准备

(1) 焊机。BX3—300 型交流电焊机或 ZX7—400 型逆变整流弧焊机。

(2) 焊件。150 mm×100 mm×12 mm 的 Q235 钢板。

2. 操作要领

(1) 焊接工艺参数的选择见表 2—2。

表 2—2　　　　　焊接工艺参数的选择

板厚(mm)	焊条型号	焊条直径(mm)	焊接电流(A)	电源极性
10~12	E4303	4.0	160~180	交流或直流正接

(2) 定点引弧。先按图 2—9 所示在焊件上用粉笔画线,然后在直线的交点处用划擦法引弧。引弧后,焊成直径为 10 mm 的焊点后灭弧。如此不断重复,完成若干个焊点的引弧训练。

(3) 平敷焊。平敷焊的熔滴过渡比较容易,可选用略大些的焊接电流,这样有利于提高电弧的稳定性。

1) 焊道的起头。起头是指刚开始焊接的阶段,焊件未焊之前温度较低,而引弧后又不能迅速使焊件温度升高,所以起点部分的熔深较浅。为了解决这个问题,可采用以下措施:

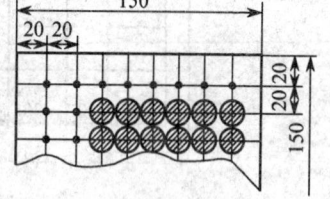

图 2—9　定点引弧

①可在引弧后先将电弧稍微拉长,使电弧对焊件端头预热2~3 s后适当缩短电弧进行正常焊接。

②采用引弧板,即在焊前装配一块金属板,从这块板上开始引弧,焊后割掉,如图2—10所示。采用引弧板,不但可保证起头处的焊缝质量,减少气孔,也能使焊接接头始端获得正常尺寸的焊缝,常在焊接重要结构时应用。

2)运条。在正常焊接阶段,焊条一般有三个基本动作,即沿焊条中心线向熔池送进、焊条沿焊接方向移动及横向摆动。平敷焊练习时焊条可不摆动。

沿焊条中心线向熔池送进,既是向熔池添加填充金属,也是为了在焊条熔化后,继续保持一定的弧长(电弧长度通常为2~4 mm,碱性焊条比酸性焊条弧长要短些)。因此,焊条的送进速度应与熔化速度相同。否则,会发生断弧或焊条粘在焊件上的现象。

焊条沿焊接方向移动,目的是控制焊道成形。若移动速度太慢,则焊缝会过高、过宽、外形不整齐,焊接薄板时甚至会发生烧穿等缺陷。若焊条移动太快,则焊条和焊件熔化不均匀,造成焊道较窄,甚至会发生未焊透等缺陷。焊条沿焊接方向的移动速度,由焊接电流、焊条直径及接头形式来决定。焊条角度如图2—11所示。

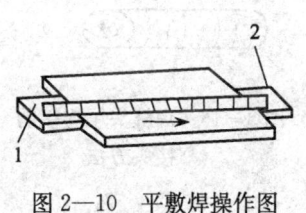

图2—10 平敷焊操作图
1—引弧板 2—引出板

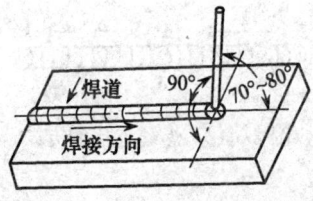

图2—11 平敷焊焊条角度示意图

焊条的横向摆动是为了向焊件输入足够的热量以及利于排渣、排气,并获得一定宽度的焊缝。其摆动幅度由焊件厚度、坡口形式、焊道层次和焊条直径来决定。

3) 接头。焊接时受焊条长度的限制，较长焊缝需要多根焊条才能完成。为保证焊缝的连续性，就要使后面所焊的焊缝与前面所焊的焊缝相连接，这个连接处称为焊缝的接头。焊缝的连接一般有图 2—12 所示的几种方式。

图 2—12a 的连接方式是使用最多、最普遍的一种，此种接头方法是：接头时要先清除接头处的熔渣，然后在先焊焊缝的弧坑前 10～20 mm 处引弧，将电弧移到原弧坑的 2/3 处，略微拉长电弧进行预热，并稍作摆动填满弧坑后即可向前正常焊接，如图 2—13 所示。接头连接得平整与否，不但取决于焊工的操作技术，而且还要看接头处温度的高低。温度越高，接得越完整，所以，接头时要求换焊条的动作越快越好。

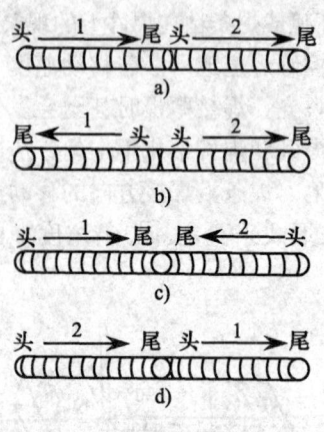

图 2—12　焊缝连接的方式

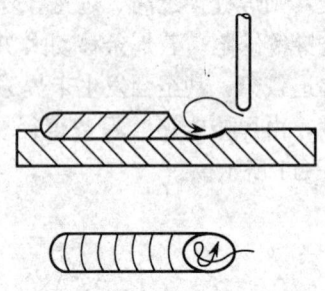

图 2—13　焊缝头尾连接的接头方法

4) 收尾。焊缝焊接终端时填满弧坑后熄弧。常用的收尾方法有：

①划圈收尾法。当焊条移至焊缝终端时做圆圈运动，直到填满弧坑再熄灭电弧，如图 2—14a 所示。此方法适用于厚板焊缝

的收尾。

②反复断弧收尾法。当焊条移至焊缝终端时,在弧坑处反复熄弧、引弧数次,直到填满弧坑为止,如图 2—14b 所示。此法适用于薄板和大电流焊接,但碱性焊条不宜使用此法。

③回焊法。当焊条移至焊缝收尾时,随即改变焊条角度回焊一小段,如图 2—14c 所示。此法适用于碱性焊条。

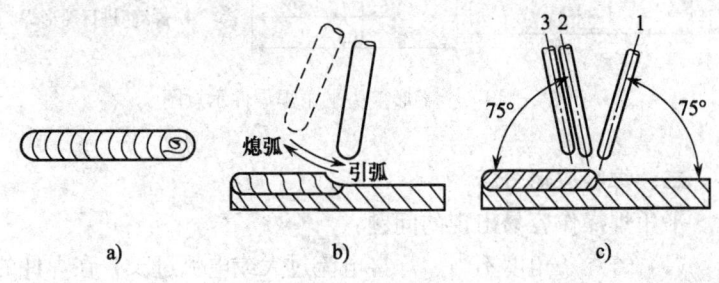

图 2—14 收尾法
a) 划圈收尾法 b) 反复断弧收尾法 c) 回焊法

操作要领提示:
- 通过平敷焊的技能训练,区分熔渣和熔化的金属。
- 操作过程中变换不同的弧长、运条速度和焊条角度,以了解诸因素对焊缝成形的影响,并不断积累焊接经验。
- 每焊完一条焊道可分别调节一次焊接电流,认真分析大小不同的电流对焊接质量的影响,从中体验出最佳焊接电流值的焊接状态。

模块三 钢板T形接头(十字接头)平角焊

一、图样及技术要求
十字形接头平角焊焊件示意图如图 2—15 所示。

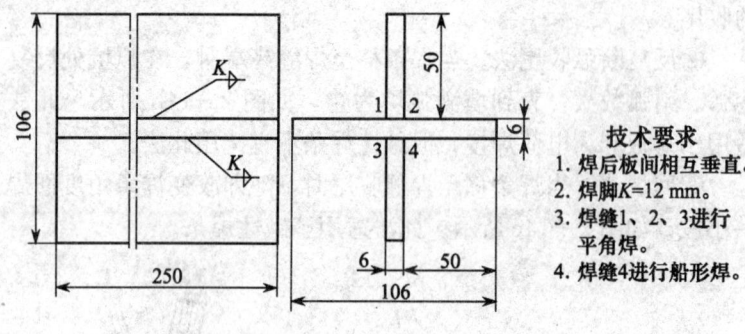

图 2—15 十字形接头平角焊焊件示意图

二、焊缝成形分析

平角焊操作容易出现的问题：

（1）若焊条角度不当、焊接电流过大或电弧过长，在焊件的立板面很容易产生咬边缺陷。

（2）在操作过程中，若各层间清渣不彻底，或选择的焊接电流过小，熔渣不能及时浮出，在焊道间容易产生夹渣缺陷。

（3）焊缝下坠是平角焊接时最容易出现的问题，可通过纠正不正确的焊条角度，并调整合适的焊接电流加以克服。

三、操作技术

1. 焊前准备

（1）十字形接头平角焊的焊前准备

1）焊件。Q235 钢板，三块为一组，组焊成双 T 形接头（十字形接头）。

2）焊条。选用 E4303 型，直径为 3.2 mm。

3）装配及定位焊。将焊件装配成 90°十字形接头，不留间隙，采用正式焊缝所用的焊条进行定位焊，定位焊的位置应该在焊件两端的前后对称处，定位焊缝的长度均为 10～15 mm。装配完毕后应矫正焊件，保证立板与平板间的垂直度。

（2）船形焊的焊前准备

1) 焊件。与十字形接头平角焊相同。
2) 焊条。选择 E4303 型，φ4.0 mm 的焊条。
3) 装配及定位焊。与十字形接头平角焊相同。要考虑焊件焊后产生角变形的可能性，采取适当的预留变形量，即反变形法，如图 2—16a 所示；或者在焊件两端施焊的另一侧用型钢临时固定焊牢，待焊件焊完后再取下来，以减少焊后变形，即刚度固定法，如图 2—16b 所示。

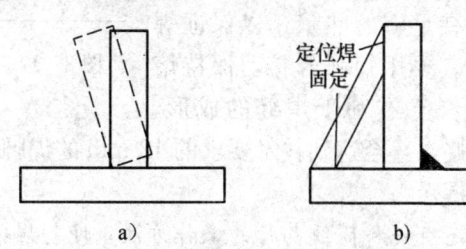

图 2—16　减少焊后变形的措施
a) 反变形法　b) 刚度固定法

2. 操作步骤及注意事项
(1) 十字形接头平角焊操作步骤
1) 将焊件装配成十字形接头，定位焊牢。
2) 将焊件水平放置，采用斜圆圈形运条焊接序号 1（见图 2—15）接口，进行单层焊。
3) 焊接序号 2 接口，采用直线形运条法进行两层三道焊。
4) 翻转焊件，对序号 3 接口进行三层多道焊，对序号 4 接口进行船形焊。
(2) 船形焊接操作步骤
1) 将焊件置于如图 2—17 所示的位置，焊接第一层焊道，采用直径 4.0 mm 的焊条，直线形运条，焊接电流比平角焊时要大些，焊条在两板之间保持垂直状态，与前进方向成 80°~85°，焊接时速度要均匀，并控制焊道宽度，收尾时要填满弧坑。

2) 当焊完第一条焊道后,为控制焊件的角变形,翻转焊件,应用同样的操作方法焊接另一侧焊道。

3) 其他各层焊道也要两侧交替进行,均应选择直径 4.0 mm 的焊条,并适当调大焊接电流。焊接过程中采用锯齿形运条法或正圆圈形运条法,焊条做适当的摆动,电弧应更多地在焊道两侧停留,使钢板有足够的热量,以保证焊缝良好地熔合。要用短弧焊接,保持熔渣对熔池的覆盖,有利于焊缝的成形。通过多层的焊接,直至达到技术要求的 12 mm 的焊脚尺寸。

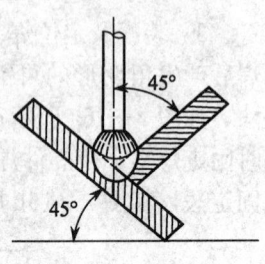

图 2—17 船形焊

操作要领提示:

• 单层焊还有一种简便易行的操作方法,即将焊条端头的套筒边缘靠在接口的夹角处,并轻轻地施压,随着焊条的熔化,焊条便会自然而然地向前移动。这种操作方法容易掌握,而且焊缝成形也很美观。

• 多层多道焊时,还可以采取各条焊道均用直线运条进行堆焊,直至达到所要求的焊脚尺寸。

• 焊脚尺寸越大,焊接层数、焊道就越多。应注意最外层表面焊缝成形。

• 对于承受动载荷的角焊结构应开坡口,其操作方法与多层多道焊相似,但要保证焊缝的根部焊透。

模块四 钢板 T 形接头(十字接头)立角焊

一、图样及技术要求

立角焊焊件示意图如图 2—18 所示。

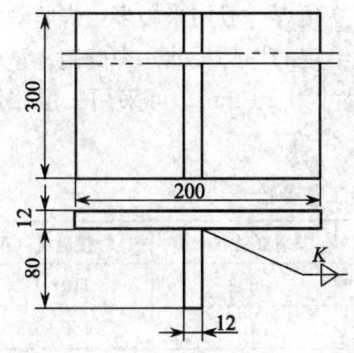

图 2—18 立角焊焊件示意图

二、焊缝成形分析

立角焊时,焊缝处于两板的夹角处,熔池成形容易控制,但是,熔池散热较对接立焊快,所以焊接电流应比对接立焊稍大些,避免产生未熔合和夹渣缺陷。如果焊条角度不正确、焊缝两侧停顿时间过短,在焊件的板面上就容易产生咬边缺陷。若熔池温度控制不当,温度过高,熔池下边缘轮廓就会逐渐凸起变圆,甚至会产生焊瘤。

三、操作技术

1. 焊前准备

(1) 焊件。Q235 钢板,两块为一组,其中一块规格为 300 mm×200 mm×12 mm;另一块规格为 300 mm×80 mm×12 mm。

(2) 焊条。E4303 型,直径为 3.2 mm、4.0 mm。

(3) 装配及定位焊。将焊件清理干净并矫平之后,装配成 T 形接头,并在焊件两端对称进行定位焊,定位焊缝长约 10 mm。

2. 操作步骤及注意事项

(1) 清理焊件表面的铁锈及污物。

(2) 将焊件垂直固定在操作台上。

(3) 确定焊接工艺参数。立角焊一般均采用多层焊,焊缝的层数根据焊件的厚度(或图样给定的焊脚尺寸)来确定。该焊件的板厚为 12 mm,确定焊脚尺寸为 10 mm,可采用二层二道焊接,焊接工艺参数的选择见表 2—3。

表 2—3 焊接工艺参数

焊接层次	运条方法	焊条直径(mm)	焊接电流(A)
第一层焊道	短弧挑弧法	3.2	110~125
盖面焊	锯齿形运条法	4.0	160~180

(4) 第一层焊道。在试板上调试出合适的焊接电流,选用直径为 3.2 mm 的焊条。采用短弧挑弧法进行焊接,即在始焊端的定位焊缝处引燃电弧,拉长电弧对焊件预热 1~2 s 后,压弧焊接。当形成第一个熔池时,立即将电弧沿焊接方向挑起(电弧不熄灭),让熔池冷却凝固。待熔池颜色由亮变暗时,再将电弧向下移到熔池的 2/3 处,形成一个新熔池。这样不断地挑弧—下移熔焊—挑弧,有节奏地运条形成一条较窄的立角焊道,作为第一层焊道,如图 2—19 所示。

焊道间的接头可采取热接法,更换焊条一定要迅速。若用冷接法可通过预热法的操作来完成。

(5) 盖面焊。清理前一层焊道的熔渣后,采用锯齿形运条法进行焊接,焊条摆动的宽度要小于所要求的焊脚尺寸,如所要求的焊脚尺寸为 10 mm,焊条摆动的范围应在 8 mm 以内(考虑到熔池的熔宽,待焊缝成形后就可达到焊脚尺寸的要求)。为了避免出现咬边等缺陷,除选用合适的焊接电流外,焊条在焊道中间摆动应稍快些,两侧稍作停顿,使熔化金属填满焊道两侧边缘部分,并保持

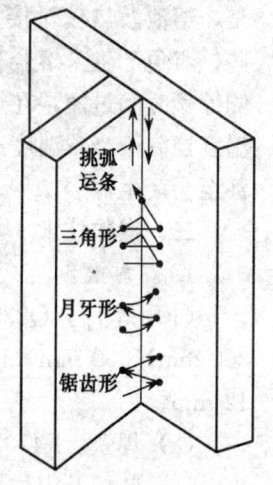

图 2—19 底层焊接方法

每一个熔池均成扁圆形,即可获得平整的焊道。

(6) 清理熔渣和飞溅物,检查焊缝质量。

操作要领提示:

• 焊接过程中应在待焊处引弧,不允许在焊件表面随意引弧。

• 短弧挑弧法焊接,要根据熔池的熔化状况进行挑弧和落弧。若前一个熔池尚未冷却,还处于红热状态时就急于落弧,会因为局部温度过高,产生焊瘤等缺陷。

模块五 钢板 V 形坡口对接平位单面焊双面成形

锅炉压力容器及某些重要结构的焊接,要求接头完全焊透,但由于结构尺寸的限制,不适于甚至无法从内部施焊,这就要求在坡口背面不采用任何辅助措施的条件下,在正面施焊,焊后在正、反两面均获得成形良好、质量符合要求的焊缝,这种焊接方法称"单面焊双面成形"。

一、图样及技术要求

对接平位单面焊双面成形焊件示意图如图 2—20 所示。

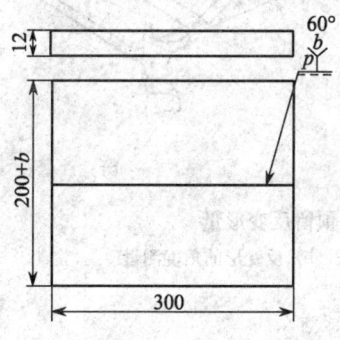

技术要求
1. 单面焊双面成形。
2. 焊缝宽度每侧比坡口两侧增宽小于等于2.5mm。
3. 背面焊缝余高小于等于3mm。
4. 钝边高度、对接间隙自选。

图 2—20 对接平位单面焊双面成形焊件示意图

二、焊缝成形分析

焊缝容易出现的问题：

1. 表面焊缝焊接时，若电弧过高或焊接速度过快，则焊缝两侧易出现咬边缺陷。
2. 在打底层焊缝焊接时焊缝背面易出现焊瘤或未焊透缺陷。

三、操作技术

1. 焊前准备

(1) 工件的加工。坡口 30°，钝边 0.5～1 mm。

(2) 工件的清理。坡口正背面 20 mm 范围内清除铁锈、水分等。

(3) 工件的定位。对接间隙要求始焊端 3 mm，终焊端 4 mm，以保证焊缝背面焊透。终焊端对接间隙略大于始焊端，是因为焊缝焊后具有一定的横向收缩量。定位焊缝长 10 mm。

(4) 预制反变形 3°，方法如图 2—21 所示。

(5) 焊接工艺参数的确定见表 2—4。

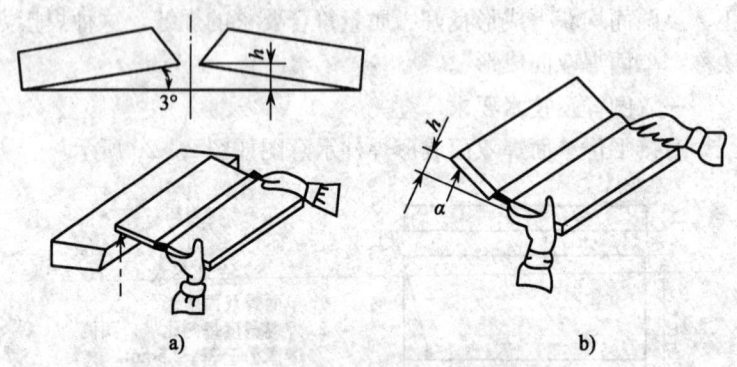

图 2—21 预留反变形量
a) 获得反变形的方法 b) 反变形的角度测量

2. 打底层焊接

(1) 起弧。在定位焊的焊缝上引燃电弧后，长弧预热 1～

2 s,然后压低电弧,击穿坡口形成熔池后断弧。这个熔池称为"熔池座"。

表 2—4　　　　　　　焊接工艺参数

焊接层数	焊道数量	焊条直径（mm）	焊接电流（A）
打底层	1	3.2	90~110
填充层	2	3.2	110~130
盖面层	1	3.2	100~120

(2) 运条。在定位焊缝上建立熔池座后,用断弧焊法焊接,如图 2—22 所示,在坡口一侧引弧后,向另一侧运条,稍作停留,迅速向斜后方提起焊条断弧,这种反复引弧、断弧焊接的方法称为断弧焊。断弧频率每分钟约 45~55 次。焊条角度如图 2—23 所示。

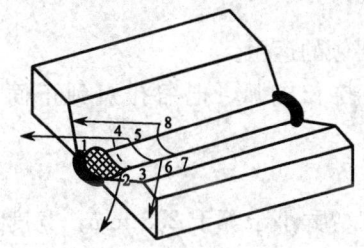
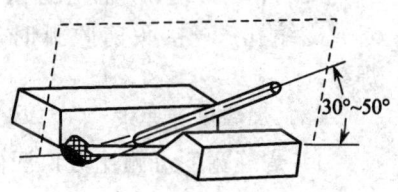

图 2—22　断弧焊法　　图 2—23　断弧焊法焊条角度

若对接间隙小,不易焊透时,可采用打熔孔的方法,以增大对接间隙,保证背面焊缝焊透。方法如图 2—24 所示。

(3) 接头。接头方法如图 2—25 所示,在位置①引弧—电弧移至位置②—长弧预热两个来回（③—④—⑤—⑥）—在位置⑦压低电弧稍作停留,听到"噗噗"声后,将电弧熄灭转入正常焊接。

要领：1) 转换焊条速度要快。

2) 电弧下压时间要合适。时间长,接头高;时间短,接头脱节（根据收弧时根部焊道高低而选择）。

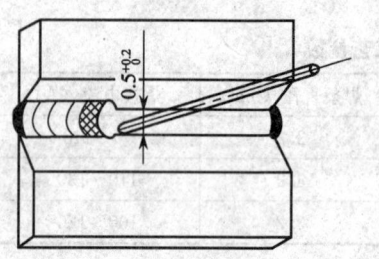
图 2—24　厚板平对接焊
熔孔大小

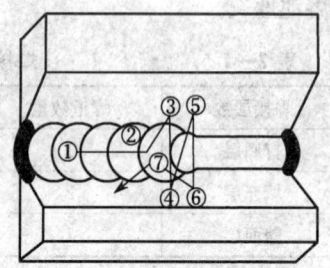
图 2—25　厚板平对接焊
接头方法

（4）收尾。当焊缝距定位焊缝有一个焊条外径大小时，引弧后电弧压低深入坡口背面，击穿坡口及定位焊缝后连弧焊结束。

（5）容易出现的缺陷及预防

焊瘤、未焊透——注意运条要领的运用。

冷缩孔——接头前收弧时，拉长电弧，把缩孔引到正面焊缝。

（6）焊缝尺寸要求

1）焊缝宽度每侧比坡口两侧增宽小于等于 2.5 mm，宽度差小于等于 2 mm。

2）背面焊缝余高小于等于 3 mm，余高差小于等于 2 mm。

3. 填充层及盖面层的焊接

（1）填充层焊接。填充焊前应对前一层焊缝仔细清渣，特别是死角处更要清理干净。填充焊的运条手法为月牙形或锯齿形，焊条角度如图 2—26 所示。填充焊时应注意以下几点：

1）焊条摆动到两侧坡口处要稍作停留，保证两侧有一定的熔深并使填充焊道略向下凹。

2）最后一层的焊缝高度应低于母材约 0.5～1.5 mm。注意不能熔化坡口两侧的棱边，以便于盖面焊时掌握焊缝宽度。

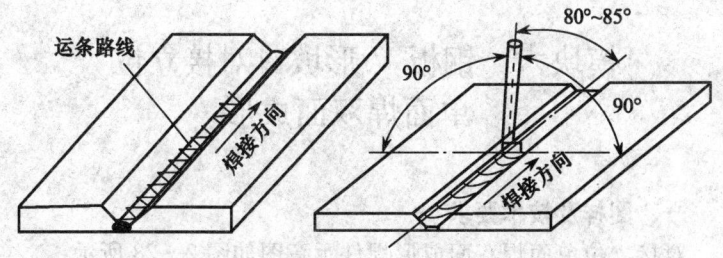

图 2—26 填充层运条方法与焊条角度

3) 接头方法如图 2—27 所示。

(2) 盖面层焊接。盖面层施焊的焊条角度、运条方法及接头方法与填充层相同。但盖面层施焊的焊条摆动的幅度要比填充层大。摆动时,要注意摆动幅度一致,运条速度均匀。同时,注意观察坡口两侧的熔化情况,施焊时在坡口两侧稍作停顿,以便使焊缝两侧熔合良好,避免产生咬边,以得到优良

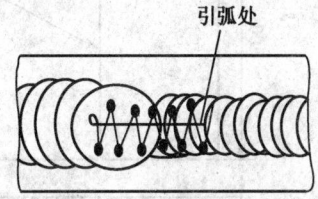

图 2—27 填充层焊接头

的盖面焊缝。注意保证熔池边沿不得超过表面坡口棱边 2 mm;否则,焊缝超宽。

操作要领提示:

• 打底焊接五字要领:短、稳、匀、薄、快,即电弧短、手法稳、速度匀、焊道薄、接头快。

• 中层焊接时应注意:中间快,两边停,以获得凹形焊缝,为盖面层焊接打好基础。

• 盖面层焊接时,焊条摆动到坡口棱边处稍作停顿后再摆动到另一侧,每次运条幅度要一致,以获得等宽的焊缝。

模块六 钢板 V 形坡口对接立位单面焊双面成形

一、图样及技术要求

对接立位单面焊双面成形焊件示意图如图 2—28 所示。

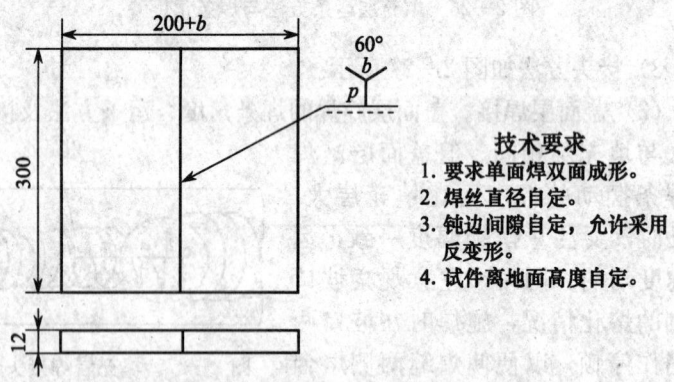

图 2—28 立位单面焊双面成形焊件示意图

二、焊缝成形分析

V 形坡口对接立焊时,由于液态金属和熔渣受重力作用容易下淌,当操作方法不当、运条节奏不一致、熔池形状控制不好以及焊条角度不正确时,会直接影响焊缝成形。因此,采用短弧焊接、正确的焊条倾角和运条方法是立位单面焊双面成形的关键。

三、操作技术

1. 焊前准备

(1) 焊件。Q235 钢板,规格为 300 mm×100 mm×12 mm。

(2) 焊条。E4303 型或 E5015 型,直径为 3.2 mm、4.0 mm。使用前应认真检查焊条药皮有无开裂、脱落等现象。

(3) 装配与定位焊。将焊件坡口正、反两侧 20 mm 范围内清理干净,组对方法与要求同平焊。

2. 操作步骤及注意事项

(1) 焊接工艺参数的选择见表 2—5。

表 2—5　　　　　　　焊接工艺参数

焊接层次	运条方法	焊条直径(mm)	焊接电流(A)
打底焊	断弧焊法	3.2	100~110
填充焊	锯齿形运条法	3.2	110~120
盖面焊	锯齿形运条法	3.2	95~105

(2) 引弧。将焊件垂直固定在工作台上,焊条与焊件下侧成 70°~80°角,电弧引燃后迅速拉至定位焊缝上,长弧预热 2~3 s 后,压向坡口根部,当听到击穿声后,即向坡口根部两侧做小幅度的摆动,形成第一个熔孔,坡口根部两边熔化 0.5~1 mm。

(3) 打底焊

1) 起头方法。建立溶池底座后采用断弧法转入正常焊接。

2) 运条方法及焊条角度。运条方法及焊条角度如图 2—29 所示,从坡口一侧引燃电弧,移到坡口另一侧交替地引燃和熄灭。

运条时注意听电弧穿透坡口的声音,打出熔孔的尺寸约 0.8 mm,大小均匀,孔距一致,如图 2—30 所示。

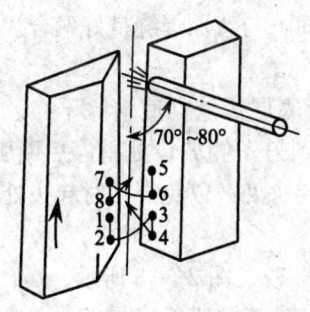

图 2—29　运条方法及焊条角度

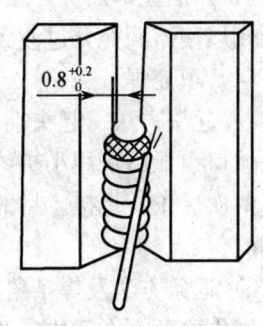

图 2—30　熔孔尺寸

焊接过程中，熔池形状、温度及控制方法，如图 2—31 所示。

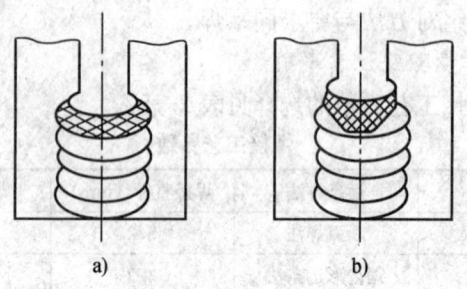

图 2—31 熔池形状
a）椭圆形 b）尖椭圆

椭圆形：熔池温度合适，焊缝成形良好。

尖椭圆形：熔池温度过高，熔滴下淌，焊道鼓凸，使下道焊缝焊接困难，易产生夹渣、未熔合等缺陷。如果加快运条速度，压低电弧，仍不能恢复，则应停止焊接，调整电流。

扁椭圆：熔池温度过低，易产生夹渣、未焊透等缺陷，应减慢运条速度或停止焊接，调整电流。

3）接头方法。在熔池下方 10 mm 左右的位置引弧，然后将电弧拉长带到原熔池偏上 2/3 的位置，压低电弧，当听到击穿的"噗噗"声后立即断弧，紧接着进行两次比正常焊接时间稍长的燃弧，以使熔滴充分过渡到坡口背面，与背面焊缝良好融合。

（4）填充焊

1）起头方法。起头前，应将打底层焊渣彻底清除干净。从一侧坡口引弧后，用小折线法运条到另一侧坡口处稍停后断弧，反复两次后正常焊接。目的是封住起头处，以免焊接时起头处形成焊瘤。

2）运条方法及焊条角度如图 2—32、图 2—33 所示。

操作要领：中间快、两边停，熔池形状要看清。

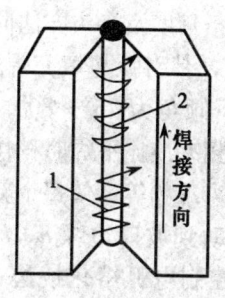 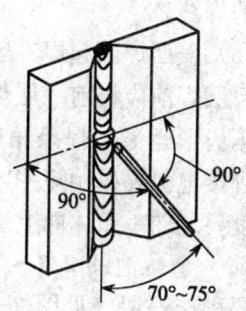

图 2—32　运条方法　　　　　图 2—33　焊条角度
1—锯齿形运条法　2—月牙形运条法

　　填充层焊接时应注意对熔池形状的观察与控制。若发现熔池呈扁平椭圆形，如图 2—34a 所示，说明熔池温度合适。熔池的下方出现鼓凸变圆时，如图 2—34b 所示，则表明熔池温度已稍高，应立即调整运条方法。

　　若不能将熔池恢复到扁平状态，反而鼓凸有扩大的趋势，如图 2—34c 所示，则表明熔池温度已过高，不能通过运条方法来调整温度，应立即灭弧，待降温后再继续焊接。

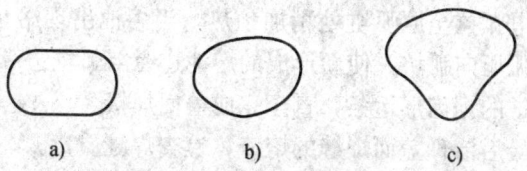

图 2—34　熔池形状与温度的关系
a）正常　b）温度稍高　c）温度过高

　　3）接头方法。在弧坑上方 10 mm 处的打底焊缝上引弧，拉回至弧坑处填满。如图 2—35 所示。

　　最后一层填充厚度，应比坡口棱边低约 1~1.5 mm，且应呈凹形，以便盖面层焊接时借助于棱边控制焊缝宽度，保证形成良好的焊缝。

(5) 盖面焊。起焊、运条方法、焊条角度及接头方法同中间层。每层焊前应将前一层熔渣清理干净，其引弧与填充焊相同，采用锯齿形运条，焊条角度与焊件的下倾角为 75°～80°。施焊时，焊接电弧要控制短些，焊条摆动的频率应比平焊时稍快，运条速度要均匀一致，向上运条时的间距力求相等，使每个新熔池覆盖前一个熔池的 2/3～3/4。焊条摆动到坡口边缘 a、b 两点时，要稍作停留（见图 2—36），始终控制电弧熔化棱边 1 mm 左右，可有效地获得宽度一致的平直焊缝。

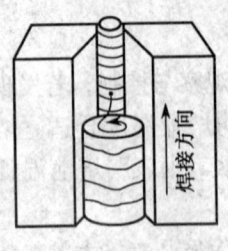

图 2—35　接头方法

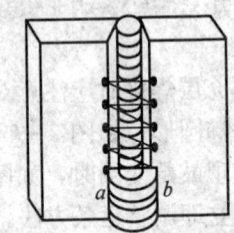

图 2—36　盖面层运条方法

换焊条前收弧时，在弧坑上方 10 mm 左右的填充层焊道上引弧，将电弧拉至原弧坑处稍加预热，当熔池出现熔化状态时，逐渐将电弧压向弧坑，使新形成的熔池边缘与弧坑边缘吻合，然后转入正常的锯齿形运条，直至完成盖面焊接。

(6) 最后清理盖面焊缝的熔渣，检查焊缝质量。

操作要领提示：

- 在焊接每层焊道过程中，焊条角度要基本保持一致，才能获得均匀的焊道波纹。但是，操作者往往在更换焊条之后或焊至焊道上部时，因手臂伸长，焊条角度发生变化而影响焊道成形。

- 打底焊时，熔敷金属的熔入量应尽可能少，保持焊道薄些，以利于背面焊缝成形。

- 打底击穿焊的电弧燃烧时间要适宜,熔孔大小、形状要一致,焊条角度要正确,保持短弧焊接。
- 打底焊或填充焊时,除避免产生各种缺陷外,正面焊道的表面还应平整,避免出现凸形,在坡口与焊道间形成夹角,如图2—37 所示。否则,容易产生夹渣、焊瘤等缺陷。
- 焊缝背面不应有烧穿和焊瘤缺陷。

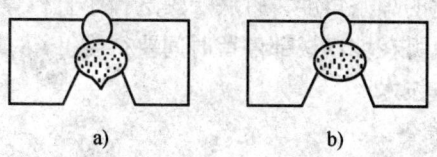

图 2—37 焊道的外形
a) 应避免的焊道(凸起太高) b) 合格的焊道(表面平整)

模块七 钢板 V 形坡口对接横位单面焊双面成形

一、图样及技术要求

对接横位单面焊双面成形焊件示意图如图 2—38 所示。

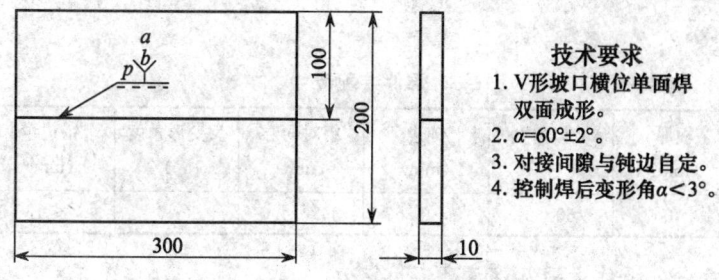

技术要求
1. V 形坡口横位单面焊双面成形。
2. $\alpha=60°\pm2°$。
3. 对接间隙与钝边自定。
4. 控制焊后变形角 $\alpha<3°$。

图 2—38 横位单面焊双面成形焊件示意图

二、焊缝成形分析

V形坡口对接横焊时,熔滴和熔渣受重力作用而下淌,容易产生焊缝上侧咬边、焊缝下侧金属下坠、焊瘤、夹渣、未焊透等缺陷。为了克服重力的影响,避免上述缺陷的产生,要避免焊接过程中运条速度过慢、熔池体积过大、焊接电流过大、电弧过长等不正确操作。宜用短弧焊接,多道堆焊,并根据焊道的不同位置调整合适的焊条角度。打底层焊选择小直径焊条,断弧焊频率要适宜,电弧在坡口根部停留时间要得当。

三、操作技术

1. 焊前准备

(1) 焊件。Q235钢板,规格为300 mm×100 mm×10 mm,一侧加工成30°坡口,每组两块。

(2) 焊条。E4303型,直径为3.2 mm、4.0 mm。

(3) 装配与定位焊。用砂纸或锉刀清理坡口正、反两侧20 mm范围内的铁锈及污物,使之露出金属光泽,矫平焊件并锉削出钝边。然后装配焊件留出合适的间隙,焊件装配尺寸见表2—6。在焊件两端进行定位焊,确保焊牢,以防焊接过程中出现收缩过大和开裂现象。

由于对接横焊采用多层多道焊,产生的角变形大于其他焊接位置,所以,预留反变形量较大,焊件的装配图如图2—39所示。

表2—6　　　　　焊件装配尺寸

板厚 (mm)	坡口角度 (°)	钝边 (mm)	组对间隙 (mm)	反变形角度 (°)	错边量 (mm)
10	60±2	1~1.5	3.2~4.0	5~6	≤1

2. 操作步骤及注意事项

(1) 焊接工艺参数的选择见表2—7。

表 2—7　　　　　　　焊接工艺参数

焊接层次	运条方法	焊条直径（mm）	焊接电流（A）
打底焊	断弧焊法	3.2	75～90
填充焊	直线形或直线往复运条法	4.0	160～180
盖面焊	折线形运条法	3.2	130～140

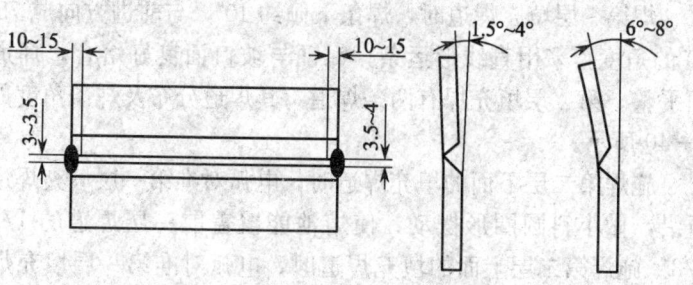

图 2—39　对接横焊焊件装配图

（2）打底焊。将焊件垂直固定在焊接支架上，保证接口呈水平位置，坡口上缘与焊工视线齐平。

打底焊时，首先在定位焊缝前引弧，随后将电弧拉到定位焊缝的中心部位预热，当坡口钝边即将熔化时，将熔滴送至坡口根部，并压一下电弧，从而使熔化的部分定位焊缝和坡口钝边熔合成第一个熔池。当听到背面有电弧的击穿声时，立即熄弧，形成明显的熔孔。然后依次先上坡口、后下坡口往复击穿—熄弧焊接。熄弧时焊条向后下方快速动作，动作要干净利落。在从熄弧转入引弧时，焊条要与熔池保持较短的距离（做引弧的准备动作），待熔池温度下降、颜色由亮变暗时，迅速而准确地在原熔池的顶端引弧—熔焊片刻（约 0.8 s），再立即熄弧。如此反复地引弧—熔焊—熄弧—准备—引弧。完成打底层的焊接。

在更换焊条熄弧前，必须向熔池背面补充几滴熔滴，避免出现缩孔，然后将电弧拉到熔池的下侧后方熄弧。接头时，在原熔池后面10~15 mm处引弧，焊至接头处稍拉长弧，借助电弧的吹力和热量重新击穿钝边，然后压一下电弧并稍作停顿，形成新的熔池后，再转入正常的往复击穿焊接。

(3) 填充焊。填充层采取两层三道焊。填充层施焊前，先将第一层焊道的熔渣及飞溅物清理干净，并适当调大焊接电流，以避免产生夹渣及未熔合等缺陷。

焊第一层填充焊道时，焊条下倾约10°，与前进方向成75°~80°的角度，采用直线形运条，保证与坡口面良好熔合，焊道表面平整。第二层填充焊有两条焊道，其焊道分布及焊条角度如图2—40所示。

施焊第二层下面的填充焊道时，电弧对准第一层填充焊道的下沿，做小斜圆圈形摆动，使熔池能覆盖前一层焊道的1/2~2/3。施焊第二层上面的填充焊道时，电弧对准第一层填充焊道的上沿，直线运条，使熔池正好填满空余位置。

填充层焊完后，应使其表面距下坡口棱边约1.5 mm，距坡口棱边约0.5~1 mm，若填充层焊道有凸凹处应在盖面焊前予以补平，为盖面层施焊打好基础。

(4) 盖面焊。采用3~4条焊道依次从下往上堆焊，焊道分布及焊条角度如图2—41所示。施焊时，采用直线形运条法，焊条做微微地向前移动，运条速度要均匀，短弧焊接。

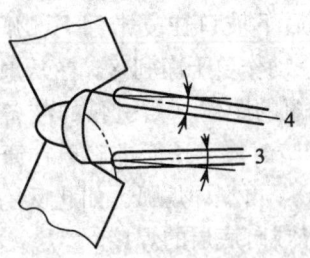

图2—40　填充层焊道的分布及焊条角度

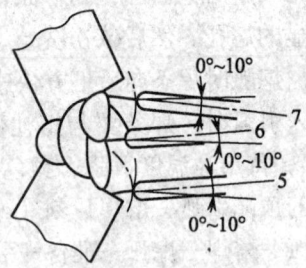

图2—41　盖面层焊道的分布及焊条角度

焊接最下面盖面焊道时，注意观察熔池的下边缘，只要熔化了坡口棱边就向前运条，以保证焊道与焊件下表面形成圆滑过渡的焊缝。接下来的每一条焊道都要覆盖前一条焊道的 1/3～1/2。最后的上面焊道运条速度应稍快些，焊道尽可能细、薄一些，可避免出现咬边缺陷，有利于焊道与焊件上表面圆滑过渡。表面焊缝的实际宽度应覆盖上、下坡口边缘各 1.5～2 mm。

(5) 最后清理表面焊缝的熔渣，检查焊缝质量。

操作要领提示：

• 打底焊过程中，要求下坡口面击穿的熔孔始终超前上坡口面熔孔 0.5～1 个熔孔直径，这样有利于减少熔池金属下坠，避免出现熔合不良的焊接缺陷。

• 打底层断弧焊时，每次焊条的落点都要在原熔池的前沿端部（不同于平、立焊打底焊在熔池的 1/2 或 2/3 处），这样做有利于熔渣分流于坡口正、反面，既可以对前后熔池进行保护，又减少正面过多熔渣的堆积，避免夹渣缺陷。

• 打底焊时每次向熔池送给的液态金属要少，每次送给熔滴的时间为 0.5～1 s；熄弧间断频率要快，每次 1～1.5 s；焊成的焊道要薄，焊道厚度约为 3 mm。

• 盖面层多道焊时，每条焊道焊后不宜马上敲渣，待盖面焊缝形成之后一起除渣，这样有利于盖面焊缝的成形及保持表面的金属光泽。

• 每条焊道之间的搭接要适宜，避免脱节或重叠过多、夹渣及焊瘤等缺陷。

• 焊接过程中，保持熔渣对熔池的保护作用，防止熔池裸露而出现粗糙的焊缝波纹。

模块八 钢管 V 形坡口对接垂直固定单面焊双面成形

一、图样及技术要求

钢管垂直固定焊焊件示意图如图 2—42 所示。

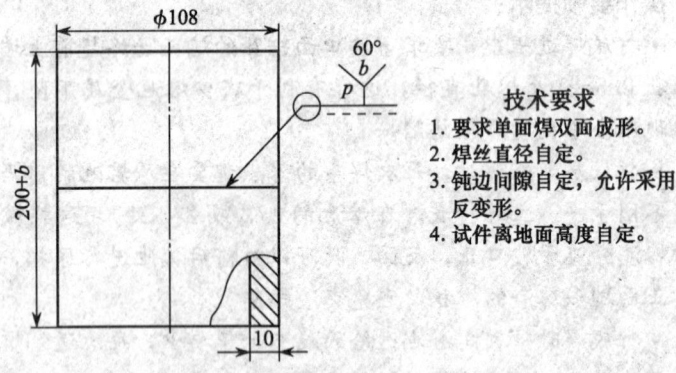

图 2—42 钢管垂直固定焊焊件示意图

二、焊缝成形分析

垂直固定管的焊接位置为横焊,不同于钢板对接横焊,在焊接过程中要不断地沿着管子曲线移动身体,并要逐渐调整焊条角度沿管子圆周转动,操作有一定的难度。焊接应注意以下问题:

(1) 运条时,要随管子圆周位置而变,手腕转动不灵活会使电弧过长,若焊接电流过大,在焊缝上边缘容易产生咬边。

(2) 焊接电流过小,熔渣与熔池混淆不清,熔渣来不及浮出,若运条速度过快,在焊缝下边缘容易产生熔合不良或夹渣。

(3) 焊接电流过大,运条速度过慢或动作不协调,在焊缝下边缘容易出现下坠和焊瘤。

三、操作技术

1. 准备工作

(1) 焊件。Q235A 钢管，规格为 φ108 mm×10 mm，一侧加工成 30°坡口，两根管子装配一组焊件。

(2) 焊条。E4303 型，直径为 3.2 mm。

(3) 装配与定位焊。在保证管子轴线中心对正的前提下，按圆周方向均布定位焊缝，小管可焊 1~2 处，每处定位焊缝长 8~10 mm，根部间隙 2~4 mm（起焊处的间隙要稍大 1 mm）。

2. 操作步骤及注意事项

(1) 熟悉图样，确定焊接工艺参数（见表 2—8）。

表 2—8　　垂直固定焊接工艺参数

焊接层次	焊道数量	运条方法	焊条直径（mm）	焊接电流（A）
打底焊	1	断弧焊法	3.2	90~100
填充焊	2	直线运条法	3.2	85~90
盖面焊	3	直线运条法	3.2	90~100

(2) 打底焊。清理焊件表面，将管子垂直固定在工作台上。起焊处选定在定位焊缝的对称面，用断弧焊法进行打底层焊接。为保证坡口根部焊透，应始终保持熔池形状为大小均匀的斜椭圆外形，焊条角度如图 2—43 所示。

在坡口内引燃电弧后，拉长电弧带至根部间隙处向内压，待发出击穿声并形成熔池后，马上熄弧（向后下方做划挑动作），使熔池降温。待熔池由亮稍变暗时，在熔池的前沿重新引燃并压低电弧由上坡口带至下坡口，待坡口两侧熔合后

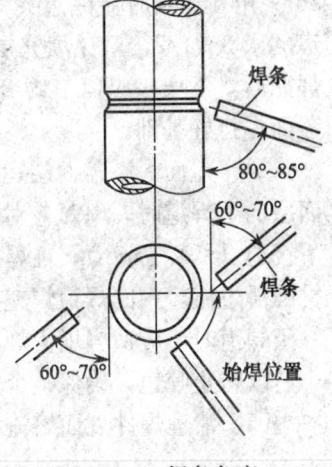

图 2—43　焊条角度

形成熔孔,以同一动作熄弧。如此反复地熄弧—燃弧—击穿进行焊接。

绕管一周,将要封闭接头时,在接头缓坡前沿 3~5 mm 处,不再用断弧焊而采用连弧焊至接头处,电弧向内压,稍作停顿,然后焊过缓坡填满弧坑后熄弧。

(3) 填充焊。采取上、下两道堆焊。施焊前,需将打底层焊道上的熔渣及飞溅物等清理干净,有接头超高现象时,用錾子或锉刀修平。

下焊道焊接时,在焊接方向上要使焊条与管子切线成 65°~75°夹角、与坡口下端成 90°~100°夹角,并采用直线运条法。运条过程中始终保持电弧对准打底层焊道下边缘,并使熔池边缘接近坡口棱边(但不能熔化棱边)。运条速度要均匀,焊条角度要随焊道部位的改变而变化,焊出宽窄一致的焊道。

接头时,在熔池前方 10~15 mm 处引燃电弧,直接拉向熔池偏上部位,压低电弧向下斜焊,形成新的熔池,接下来进行上焊道焊接,焊条对准下焊道与上坡口面形成的夹角处,运条方法与下焊道相同,但焊条角度向下适当调整,与坡口下端成 75°~85°夹角。运条时要注意夹角处的熔化情况,使焊道覆盖住下焊道的 1/3~1/2,避免填充层焊道表面出现凹槽或凸起,填充层焊完后,下坡口应留出约 2 mm,上坡口应留出约 0.5 mm,为盖面焊打好基础。

(4) 盖面焊。盖面层运用直线运条法,按三道堆焊。施焊盖面层的下焊道时,电弧应对准下坡口边缘,使熔池下沿熔合坡口下棱边(≤1.5 mm),且焊接速度要适宜,以使焊道窄些并与母材圆滑过渡。中间焊道焊速要慢,以使盖面层形成凸形。焊最后一条焊道时,应适当增大焊接速度或减小焊接电流,焊条倾角要小,以防止咬边,确保整个焊缝外形宽窄一致、均匀平整。

(5) 清理焊件表面熔渣和飞溅物,检查焊缝质量。

操作要领提示：

• 打底焊要点："看熔池，听声音，落弧准"。即观看熔池颜色控制其温度，熔池形状一致，熔孔大小均匀，熔渣与熔池分明；听清电弧在坡口根部击穿的声音；电弧要准确地落在熔池的前沿。

• 垂直固定管打底层焊时，熔滴和熔渣极易下坠，影响对坡口下侧熔孔的观察，且容易产生夹渣。根据经验，焊接电流可适当大些（比水平固定管），使电弧落在熔池前沿上，即可出现所需熔孔大小。一般控制坡口钝边的熔化量在 1~1.5 mm 之间。

• 盖面层的上、下焊道是成形的关键。施焊时，其熔化坡口棱边应控制在 1~1.5 mm，并且要窄而均匀，保证焊缝成形宽窄一致并与母材圆滑过渡。盖面焊时，焊道间不清理渣壳，待整条焊缝焊接之后一并清除，以保持焊缝表面的金属光泽。

模块九　钢管 V 形坡口对接水平固定单面焊双面成形

一、图样及技术要求

钢管水平固定焊焊件示意图如图 2—44 所示。

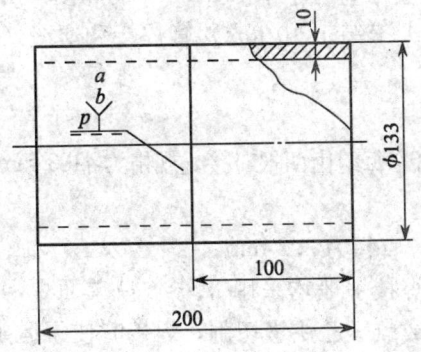

技术要求
1. 要求单面焊双面成形。
2. 焊丝直径自定。
3. 钝边间隙自定，允许采用反变形。
4. 试件离地面高度自定。

图 2—44　钢管水平固定焊焊件示意图

二、焊缝成形分析

水平固定管在焊接过程中需经过仰焊、立焊、平焊等几种位置，也称全位置焊。因为焊缝是环形的，焊接中要随着焊缝空间位置的变化而相应地调整焊条角度，如图 2—45 所示。在仰位（钟点位置 5 点～7 点）容易出现夹渣、未熔合和焊瘤等缺陷；在平位（钟点位置 11 点～1 点）容易出现下凹、管内成形不均匀或形成焊瘤。

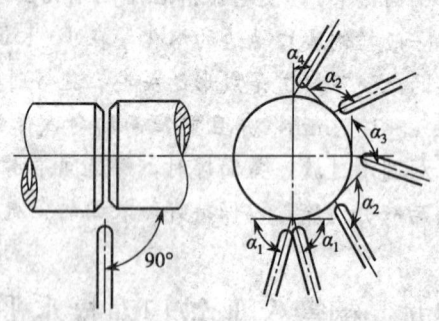

图 2—45 水平固定管焊接时的焊条角度

三、操作技术

管子的焊接按直径不同可分为大直径管（直径大于等于 108 mm）的焊接和小直径管（直径小于 108 mm）的焊接；按管的厚度不同可分为厚壁（大于等于 10 mm）管焊接和薄壁（小于 10 mm）管焊接。

1. 准备工作

(1) 焊件。Q235A 钢管，每组由两根对接，规格为 ϕ133 mm×10 mm。

(2) 焊条。E4303 型，直径为 3.2 mm。

(3) 坡口准备。管子焊接一般均采用 V 形坡口单面焊，这种坡口形式便于机械加工或氧—乙炔焰切割，焊接时便于运条，容易焊透，生产中应用最多。

(4) 装配及定位焊。装配及定位焊的要求见表2—9。

表2—9　　　　　装配及定位焊的要求

坡口角度(°)	装配间隙(mm)	定位焊方式	钝边(mm)	错边量(mm)
60	始焊部位　2.5 始焊部位对应侧　3.2	在前、后半部的斜平位置各定位焊1处	1	≤0.5

2. 操作步骤及注意事项

(1) 熟悉图样，确定焊接工艺参数（见表2—10）。

表2—10　　　　　焊接工艺参数

焊接层次	运条方法	焊条直径(mm)	焊接电流(A)
打底焊	断弧焊法	3.2	100～110
填充焊、盖面焊	月牙形运条法	3.2	90～100

(2) 清理焊件，将管子水平固定放置在距地面800～900 mm的高度。

(3) 打底焊的前半部。焊接常从管子仰位开始分左右两个半圈，先焊的半圈为前半部，后焊的一半为后半部。

为了使坡口根部焊透，可采用断弧焊法，焊接时焊条角度应随着焊接位置的不断变化而随时调整，在仰焊、斜仰焊区段，焊条与管子切线的倾角应由$80°\sim85°$变化为$100°\sim105°$；随着焊接向上进行，在立焊区段为$90°$；当焊至斜平焊、平焊区段时，倾角由$85°\sim90°$变化为$80°\sim85°$。

焊前半部时，起焊和收弧部位都要超过管子垂直中心线10 mm，如图2—46所示，以便于焊接后半部时接头。

前半部焊接从仰位靠近后半部约10 mm处引弧，预热1.5～2 s，使坡口两侧接近熔化状态，立即压低电弧进行搭桥焊接，使弧柱透过内壁熔化并击穿坡口根部，听到背面电弧的击穿声，立即熄弧，形成第一个熔池。当熔池降温颜色变暗时，再压低电弧向上顶，形成第二个熔池，如此反复、均匀地点射给送熔滴，并控制熔池之间的搭接量向前施焊。这样，逐步将钝边熔透使背面成形均匀，直至将前半部焊完。

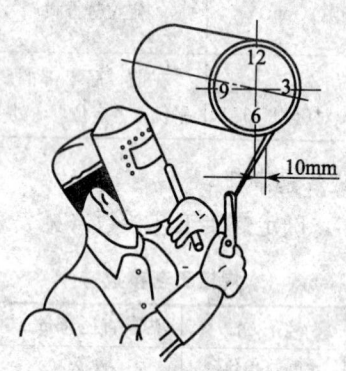

图 2—46　前半部起头位置

（4）打底焊的后半部。操作方法与前半部相似，但是要在仰位和平位两处接头。

仰位接头时，应把起焊处的较厚焊道用电弧割成缓坡（有时也可以用角磨砂轮机或扁铲等工具修整出缓坡），引弧后用长弧预热接头，如图 2—47a 所示，当出现熔化状态时立即拉平焊条，如图 2—47b 所示，顶住熔化的金属，通过焊条端头的推力和电弧的吹力将过厚的熔化金属逐渐去除而形成一缓坡，如图 2—47c 所示，如果一次割不出缓坡，可以重复几次。当形成缓坡后，马上把焊条角度调整为正常焊接的角度，如图 2—47d 所示，进行仰位接头（切忌此时熄弧）。随后，将焊条向上顶一下，以击穿坡口根部形成熔孔，使仰位接头完全熔合，转入正常的断弧焊法操作。

平位接头时，运条至斜立焊位置，逐渐改变焊条角度，使之处于顶弧焊状态，即将焊条的倾角向焊接方向倾斜，如图 2—48 所示，当焊至距接头 3～5 mm 即将封闭时，决不可熄弧，应把焊条向内压一下，等听到击穿声后，使焊条在接头处稍作摆动，填满弧坑后熄弧。当与定位焊缝相接时，也需用上述的方法操作。

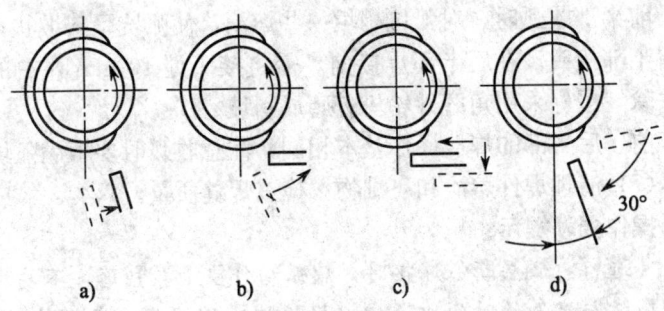

图 2—47 后半部长弧预热接头示意图

打底层焊接电弧要控制得短些，保持适宜的熔孔。熔孔过大，会使焊缝背面产生下坠或焊瘤。仰焊位置操作时，电弧在坡口两侧停留时间不宜过长，并且电弧尽量向上顶；平焊位置操作时，要控制熔池温度，电弧不能在熔池的前面多停留，并且保持 2/3 的熔池落在原来的熔池上，以利于背面较好地成形。

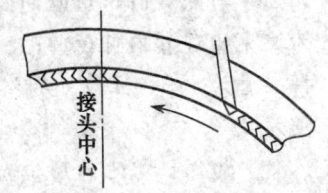

图 2—48 平焊位置接头采用顶弧焊法

(5) 填充焊。填充层焊接与打底层焊接一样，也分前、后两半部进行。通常将打底焊前半部作为填充焊的后半部，目的是将上、下接头错开。填充层的运条方法可以采用月牙形或锯齿形摆动，焊条角度与打底焊相同。为了使坡口两侧熔合良好，避免咬边，焊接时要保持焊条在焊缝中间摆动快、两侧稍作停顿。填充层焊缝表面应平整，并要留出坡口轮廓，以作为盖面焊时控制焊缝宽度的界线。

(6) 盖面焊。为使盖面焊缝中间稍凸起些，并与母材圆滑过渡，可采用月牙形运条，运条稍慢而平稳，运条至两侧要稍作停顿，防止出现咬边。始终保持熔化坡口边缘 1.5 mm 左右，并严格控制弧长，即可获得宽窄一致、波纹均匀的焊缝成形。

前半部收弧时，对弧坑稍填一些熔滴，使弧坑呈斜坡状，以利后半部接头。在后半部焊接前，需将接头处 10 mm 左右的渣壳去除，最好采用角磨砂轮机打磨成斜坡。

前、后半部的焊接操作基本相同，注意收弧时要填满弧坑。

(7) 清理焊件熔渣和飞溅物，检查焊缝质量。

操作要领提示：

• 进行打底层断弧焊接时，熄弧动作要干净利落，不要拉长弧，熄弧与燃弧的时间要适宜（根据熔池的温度状况调节），平焊区段熄燃弧频率为每分钟 35～40 次，立焊区段熄燃弧频率为每分钟 40～50 次。

• 打底焊时，熔池间的搭接量会直接影响焊件的背面成形，为避免出现管内仰位凹陷、平位凸起等缺陷，仰位、斜仰位处的搭接量为 1/3，立位处的搭接量为 1/2，斜平位、平位处的搭接量为 2/3。

• 为保证熔池的形状和大小基本一致，熔池的温度要控制得当，液态金属清晰明亮，熔化坡口两侧宽度始终为 0.5～1 mm。

• 在盖面层焊接时，由于仰焊、斜仰焊区段液态金属易下坠，要求焊缝要焊薄；而在斜平焊、平焊区段，熔池温度偏高不易达到焊缝高度，则要求焊缝要焊厚，以使盖面焊缝余高整体均匀。

模块十　管板垂直俯位焊

一、图样及技术要求

管板垂直俯位焊焊件示意图如图 2—49 所示。

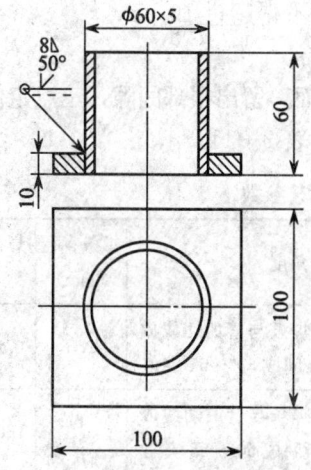

图 2—49 管板垂直俯位焊焊件示意图

技术要求
1. 焊缝接头平整，焊缝宽度均匀，波纹细腻。
2. 保证焊脚尺寸及焊缝截面为等腰直角三角形。

二、焊缝成形分析

管板垂直俯位焊接时，由于垂直管管壁较薄，孔板较厚，如果操作不当，焊件受热不均衡，在管侧容易产生咬边或焊缝偏下，以及在板侧产生夹渣、未焊透和未熔合等缺陷。因此，在焊接操作中应采用较大的焊接参数、直径较细的焊条、合适的焊条角度及有节奏的断弧焊法。

三、操作技术

1. 准备工作

（1）焊件。孔板材料为 Q235 钢板，规格为 100 mm×100 mm×10 mm，中心加工出比管外径大 5～6 mm 的圆孔，并在中心孔的一侧加工出 50°的坡口；钢管材料为 Q235A，其尺寸规格为 ϕ60 mm×60 mm×5 mm。

（2）焊条。E4303 型，直径为 2.5 mm 和 3.2 mm。

（3）装配及定位焊。将管子插入孔板内，调整孔板与管子之间的根部间隙为 2.5～3 mm，保证孔板与管子相互垂直，采取三点对称定位焊,定位焊缝长度不得超过 10 mm。

2. 操作步骤及注意事项

(1) 熟悉图样,清理焊件表面,留出根部间隙,三点定位焊。

(2) 焊接工艺参数的确定见表 2—11。

表 2—11　　　　　　焊接工艺参数

焊接层次		运条方法	焊条角度	焊条直径(mm)	焊接电流(A)
打底焊		断弧焊法	在前进方向上,焊条与管的切线成 60°~65°夹角,与板间成 50°~55°夹角	2.5	70~80
填充焊		直线运条法	在前进方向上,焊条与管的切线成 70°~80°夹角,与板间成 50°~55°夹角		120~140
盖面焊	第一道	直线运条法	在前进方向上,焊条与管的切线成 75°~85°夹角,与板间成 60°~65°夹角	3.2	115~130
	第二道	直线运条法	在前进方向上,焊条与管的切线成 80°~85°夹角,与板间成 40°~45°夹角		110~120

(3) 打底焊。用断弧焊法进行焊接,始焊点选在定位焊缝处,在保证正确焊条角度的前提下,尽量向左转动手臂和手腕。

引燃电弧后,拉长弧到始焊部位逐渐压低电弧,使电弧的 2/3 落在孔板坡口根部,1/3 贴在管壁上,以保证管板两侧焊接热量均衡(考虑管与板的厚度不同),待熔孔形成后立即熄弧,观察熔池由亮稍变暗立即燃弧,熔焊约 1 s 形成熔池,出现熔孔后再熄弧,如此有节奏地打底焊。随着焊接工作的进行要不断地转动手臂和手腕,以保持正确的焊条角度,防止熔渣超前以致产生夹渣和未熔合的缺陷。

更换焊条进行接头时,将接头处约 20 mm 长度的熔渣清除掉,在裸露出弧坑后面 10 mm 的焊道上引弧,稍拉长弧焊至接头的弧坑处压低电弧,当击穿根部并形成熔孔后,转入正常的断弧焊接。

焊至封闭焊缝,要进行接头时需连续焊接不可断弧,焊条伸向弧坑内向内压一下,稍作停顿,然后焊过缓坡,填满弧坑后熄弧。

(4) 填充焊。认真清理打底焊道的熔渣和飞溅,适当调大焊接电流。运条时焊条角度要正确,注意焊道两侧的熔化状况,适时调节电弧不同的停顿时间,使管子与板受热均衡,并保持熔渣对熔池的覆盖保护,不超前或拖后,才能获得良好成形。

填充层要稍凸出孔板表面约 3 mm 的焊脚尺寸,要求焊道平整、宽度均匀,为盖面层焊接打好基础。

(5) 盖面焊。必须保证 8 mm 的焊脚尺寸,采取两道焊。第一条焊道紧靠板面与填充层焊道的夹角处,运条时焊条角度要正确,焊接速度要适宜,控制焊道边缘在所要求焊脚尺寸线上,并且焊道边缘整齐、焊道平整。第二条焊道应重叠于第一条焊道的 1/2~2/3,运条速度要均匀,焊条做小幅度的前后摆动使焊道窄些,避免焊道间凸起或凹槽,并防止管壁咬边。

(6) 清理焊件表面的熔渣和飞溅物,检查焊缝质量。

操作要领提示:

1. 垂直固定俯位管板的焊接过程,是手臂和手腕灵活性基本功的训练,操作时,要随着焊接位置的变化,适时调整相应的焊条角度,并控制好熔池的熔化状态。

2. 管板类接头实际上是一种 T 形接头的环形焊缝焊接。焊接时,当要求焊缝背面熔透成形时,必须在管板上开出一定尺寸的坡口,坡口尺寸要满足焊接电弧能深入焊缝根部进行焊接的要求。

3. 在生产中,当管的孔径较小时,一般采用骑座式接头形式,进行单面焊双面成形,如图 2—50a 所示;当管的孔径较大时,则采用插入式接头形式,进行单面焊双面成形,如图 2—50b 所示。

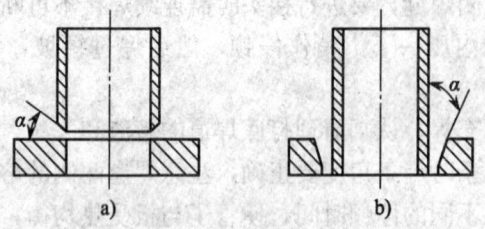

图 2—50 管板类接头的形式
a) 骑座式 b) 插入式

模块十一 管板水平固定单面焊双面成形

一、图样及技术要求

管板水平固定焊焊件示意图如图 2—51 所示。

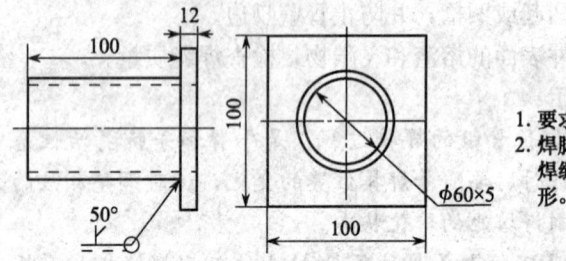

技术要求
1. 要求单面焊双面成形。
2. 焊脚尺寸 $K=(8\pm1)$ mm，焊缝截面为等腰直角三角形。

图 2—51 管板水平固定焊焊件示意图

二、焊缝成形分析

水平固定全位置管板焊接易出现的问题：

1. 运条时若没有控制熔池趋于水平状，并且电弧过长、焊条角度不正确，以及焊接电流偏大，在管侧会出现堆积，孔板侧出现咬边等缺陷。

2. 运条速度过快，焊条角度不正确及焊接电流过小，熔渣与熔池混淆不清，熔渣来不及浮出，容易产生夹渣和未熔合等缺陷。

3. 焊接电流过大，运条速度过慢，容易产生焊瘤。

三、操作技术

1. 准备工作

(1) 焊件。孔板材料为 Q235 钢板，规格为 100 mm×100 mm×12 mm，中心加工出与管内径相同的圆孔。钢管材料为 Q235A，其尺寸为 $\phi 60$ mm×100 mm×5 mm，在管的一端加工出 50°的坡口。

(2) 焊条。E4303 型，直径为 2.5 mm 和 3.2 mm。

2. 操作步骤及注意事项

为了便于描述，用时钟方式标记焊接位置处于焊件接口的部位。水平固定焊管板的焊接位置及焊条角度如图 2—52 所示。

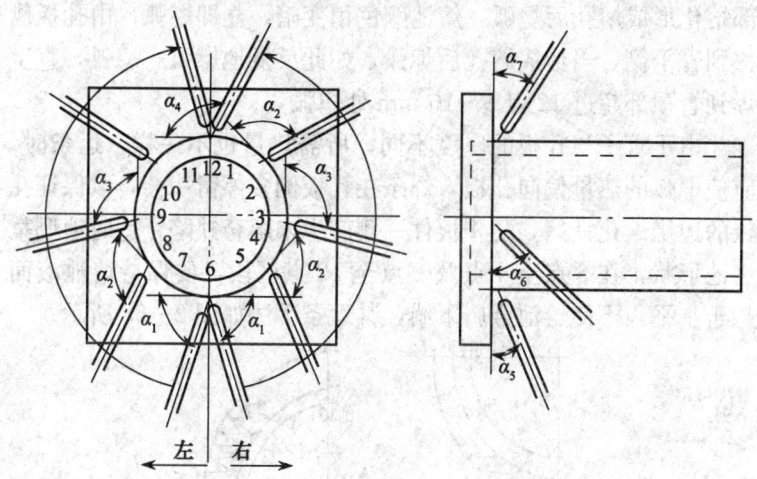

图 2—52 水平固定焊管板的焊接位置及焊条角度

$\alpha_1=80°\sim 85°$ $\alpha_2=100°\sim 105°$ $\alpha_3=100°\sim 110°$

$\alpha_4=120°$ $\alpha_5=60°$ $\alpha_6=65°$ $\alpha_7=75°$

(1) 熟悉图样，清理焊件，修锉坡口和钝边（钝边尺寸为1 mm）。将管与孔板进行组装，留出 2.5～3.2 mm 间隙，在2 点和10 点处定位焊，然后将焊件固定在 800～900 mm 高度。

(2) 焊接工艺参数的确定见表 2—12。

表 2—12　　　　　焊接工艺参数

焊接层次	运条方法	焊条直径（mm）	焊接电流（A）
打底焊	断弧焊法	2.5	70～80
填充焊	斜锯齿形和小锯齿形运条法	3.2	110～120
盖面焊	斜锯齿形和锯齿形运条法	3.2	100～110

(3) 打底焊。焊接时采用断弧焊法分左、右两半部焊接。

前半部的焊接（取右侧）：从 7 点处引弧，长弧预热后，在过管板垂直中心 5～10 mm 位置向坡口根部顶送焊条，待坡口根部熔化形成熔孔后熄弧，熔池颜色稍变暗，立即燃弧，由孔板侧移到管子侧，当形成熔孔后熄弧，如此反复地燃弧—熄弧，直至焊到管顶部超过 12 点 5～10 mm 处熄弧。

由于管子与孔板的厚度不同，所需热量也不一样，运条时，应使电弧的热量偏向孔板，焊条在孔板侧多停留一会，以保证孔板的边缘熔化良好，防止板件一侧产生未熔合缺陷，适时地调整熔池形状，在 6 点至 4 点及 2 点至 12 点区段，要保持熔池液面趋于水平，不使熔池金属下淌，其运条手法如图 2—53 所示。

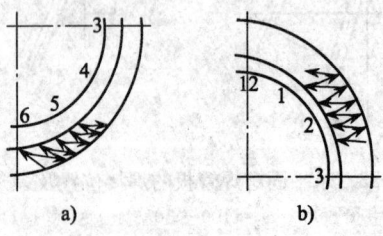

图 2—53　管板焊件运条手法
a) 斜仰位　b) 斜平位

在仰焊位置焊接时,焊条向坡口根部顶送深些,横向摆动幅度小些,在形成熔池之后,运条节奏快些,否则易使背面焊缝产生咬边和下坠。在立焊位置焊接时,焊条向坡口根部顶送的要比仰焊位置浅些。平焊位置比立焊位置要更浅些,防止熔化金属在重力作用下造成背面焊缝过高或产生焊瘤。

接头时更换焊条要迅速,当熔池还处于红热状态时,在熔池下方 10 mm 处引燃电弧,焊条稍加摆动,填满弧坑焊至熔孔处,焊条向内压并稍加停顿,待听到击穿声形成新熔孔时,继续向上施焊。

后半部的焊接与前半部的焊接操作基本相同,只是要进行仰位及平位的接头。仰位接头可借鉴水平固定管打底焊接头方法。

(4) 填充焊。填充层的焊接顺序、焊条角度、运条方法与打底焊接相似,但锯齿形和斜锯齿形运条的摆动幅度比打底层焊宽些。因焊道外侧圆周较长,故在保持熔池液面趋于水平的前提下,加大孔板侧向前移动的间距,并相应增加焊接停留时间。

(5) 盖面焊。盖面层与填充层焊接相似,运条过程中既要考虑焊脚尺寸与对称性,又要使焊缝波纹均匀无表面缺陷。为防止出现盖面焊缝的仰位超高、平位偏低,以及孔板侧产生咬边等缺陷,盖面层焊接要采取一定的措施,具体做法如下:

前半部的起焊处 7 点至 6 点的焊接,以直线形运条法施焊,焊道尽可能窄且薄,为后半部获得平整的接头做准备。后半部始焊端仰位接头时,在 8 点处引弧,将电弧拉到接头处(6 点附近),长弧预热,当出现熔化状态时,将焊条缓缓地送到较窄焊道的接头点,借助电弧的喷射,熔滴均匀地落在始焊端,然后采用直线运条与前半部留出的接头平整熔合,再转入锯齿形运条的正常盖面焊。

盖面层斜平位至平位处(2 点至 12 点)的焊接,熔敷金属易于向管壁侧堆聚而使孔板侧形成咬边缺陷。为此，在焊接过程中，由立位采用锯齿形运条过渡到斜平位2点处采用斜锯齿形运条，要控制熔池温度，保持熔池成水平状。在孔板侧停留稍长些，以短弧填满熔池，必要时可以间断熄弧使孔板侧焊缝饱满，管子侧不堆积。当焊至12点处时，将焊条端部靠在填充焊的管壁夹角处，以直线运条至12点与11点之间处收弧，为后半部末端接头打基础。

当后半部末端平位接头时，从10点至12点采用斜锯齿形运条法，施焊到12点处采用小锯齿形运条法与前半部留出的斜坡接头熔合，做几次挑弧动作将熔池填满即可收弧。

(6) 清理焊件表面的熔渣，检查焊缝质量。

由于水平固定管板的焊缝两侧是两个直径不同的同心圆，靠管子侧较孔板侧周长短些，焊接时要在孔板侧加大向上摆动间距，才能形成均匀的焊缝。

操作要领提示：

• 焊接过程中经过定位焊缝时，要把电弧稍向根部间隙里压送片刻，然后以较快的焊接速度连弧焊过定位焊缝，再恢复正常焊接。

• 填充层的焊道要薄些，管子一侧坡口要填满，孔板一侧要超出管壁面约2 mm，使焊道形成一个斜坡，保证盖面焊缝焊后焊脚对称。

模块十二　箱形梁的组对与焊接

一、图样及技术要求

箱形梁示意图，如图2—54所示。

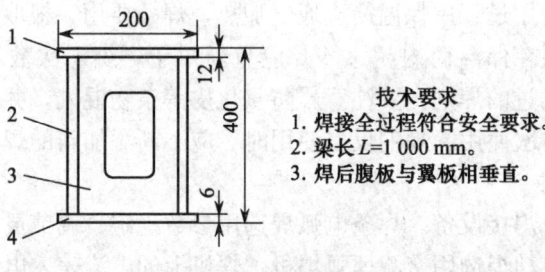

技术要求
1. 焊接全过程符合安全要求。
2. 梁长 L=1 000 mm。
3. 焊后腹板与翼板相垂直。

图 2—54　箱形梁示意图
1—前翼板　2—腹板　3—隔板　4—后翼板

二、操作技术

1. 生产工艺流程

箱形梁的生产工艺流程如图 2—55 所示。

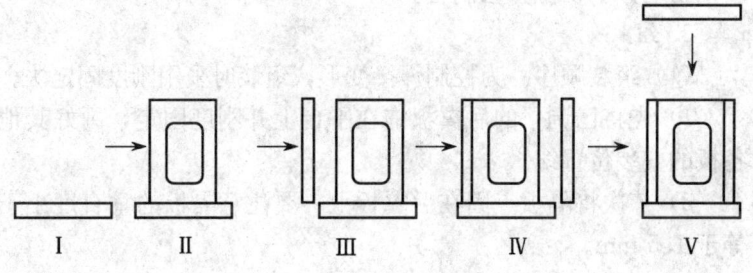

图 2—55　箱形梁的生产工艺流程

箱形梁的焊缝质量和尺寸精度要求高；截面尺寸大、刚度大。假如焊后发生变形，则无法矫正。因此，制造中如何在保证焊缝质量的前提下控制好焊接变形就成了关键。

2. 焊前准备

（1）焊接材料。组装定位焊选用焊条电弧焊，焊条型号为 E5015，直径为 3.2 mm。梁的焊接采用埋弧焊，焊剂 HJ431，使用前必须严格按使用说明书的规定进行烘干。烘干后的焊剂应保存在 100~150℃ 的恒温箱中，随用随取，焊工应备有焊条保温筒,使用过程中保温筒应通电加热,焊条要用一根取一根。焊条烘干后在保温筒内超过 4 h 应重新烘干,烘干次数不超过两次。使用过的焊剂,要注意严防氧化皮等杂物混入,并经重新烘干才能再次使用。焊剂反复使用时,应不断添加新的焊剂,并尽可能混匀。

(2) 焊接设备。焊条电弧焊选用参数稳定、调节灵活的逆变焊机。自动焊选用交流埋弧焊机。焊机上的电流表、电压表要按规定进行检定。

(3) 下料。采用自动火焰切割方法下料。切割面的粗糙度、平面度、直线度应符合质量要求。为保证腹板与翼板的 90°要求,应对隔板边缘进行机械加工。

(4) 坡口制备。腹板与翼板焊接坡口为 30°~40°单面坡口。采用自动火焰切割方法制备。

3. 组装

(1) 组装顺序。为控制焊接变形,组装时采用刚度固定法。

1) 先将已调平的后翼板铺在平台上并刚度固定,画好其他各板的安装位置线。

2) 依次将隔板点固在后翼板上,要注意隔板的垂直度小于等于 1.5 mm。

3) 组装两腹板,腹板上要先画好隔板的位置线。将两腹板与隔板及后翼板点固连接在一起。

4) 最后组装前翼板。

(2) 组装间隙。通常,组焊间隙越大,熔敷金属越多,焊缝的收缩量、焊件的变形量也越大。所以,各组合件应压密,局部间隙小于等于 1.0 mm。

4. 制定并实施合理的焊接工艺

焊接工艺是保证焊接质量的重要手段,也是有效控制焊接变形的途径。

(1) 施焊前,应检查坡口组对质量,如发现尺寸超差或坡口及其附近有缺陷，应处理后方可施焊。

（2）焊前必须清除工件焊缝周围不少于 20 mm 范围内的油、水、锈及其他杂质。

（3）焊接顺序。从中间向两端反向对称焊接，先焊隔板的立焊缝，再焊与翼板连接角焊缝，然后焊腹板内部与翼板连接角焊缝，最后焊接外面 4 条开坡口的组合焊缝。在施焊时，要注意焊缝顺序，防止箱形梁产生扭曲变形。

（4）定位焊。定位焊工艺与正式焊缝相同，定位焊长度应在 50 mm 以上，间距为 100～400 mm，厚度不宜超过正式焊缝厚度的 1/2。定位焊后的裂纹、气孔、夹渣等缺陷均应清除干净后重焊。

（5）焊接工艺参数。

1）手弧焊。焊条直径为 3.2 mm，焊接电流为 100～200 A。

2）埋弧自动焊。采用船形焊，分两层，焊丝直径为 4.0 mm。第一层，焊接电流 600～650 A，电弧电压 35～37 V，焊接速度 30～32 m/h；第二层，焊接电流 650～700 A，电弧电压 38～40 V，焊接速度 28～30 m/h。每层的熔渣、飞溅等应仔细清理，自检合格后方可进行下层焊接。

三、焊缝质量检验

箱形梁的质量检验主要是制造过程中的工序质量检验及制造完成后的联合终检。其几何尺寸及焊缝质量均应符合 Ⅰ 级焊缝质量要求。

第三单元 焊接质量控制

模块一 焊接应力与变形

金属结构在焊接过程中,产生的焊接应力和各种焊接变形,往往使焊接产品的质量下降,使下一道工序无法顺利进行。更重要的是焊接应力或焊接残余应力往往是造成裂纹的直接原因,即使不造成裂纹,也会降低焊接结构的承载能力和使用寿命。焊接变形不仅造成焊件尺寸、形状的变化,而且在焊后要进行大量复杂的矫正工作,严重的会使焊件报废。如果从中找出它们的规律,就可以大大减少焊接应力和变形的危害。

一、内应力和变形

在物体受到外力作用发生变形的同时,在其内部会出现一种抵抗变形的力,这种力叫做内力。

物体受到外力的作用,在单位截面积上出现的内力叫做应力。但应力并不都是由外力引起的,如物体在加热膨胀或冷却收缩过程中受到阻碍,就会在其内部出现应力,这种情况在不均匀加热或不均匀冷却过程中就会出现。当没有外力存在时,物体内部存在的应力叫做内应力。

物体在受到外力的作用时,会出现形状、尺寸的变化,称为物体的变形。若在外力去除后,物体能恢复到原来的形状和尺寸,这种变形称为弹性变形;反之,称为塑性变形。在焊接过程中,往往在没有外力的作用下,也会造成物体的变形。由于焊接热过程而引起的应力和变形,就是焊接应力和焊接变形。

应力和变形之间也存在着一定的关系,对材料相同而截面不同的物体加上同样大小的力,会发现截面越小的物体变形越大。可见物体的变形与物体的截面积有关,即变形的大小是由外力所引起的应力决定的。所以,通常说物体受外力越大,所引起的应力和变形也越大。

二、焊接应力的分类

1. 按引起应力的基本原因分类

(1) 温度应力。由于焊接时温度分布不均匀而引起的应力,也称为热应力。

(2) 组织应力。在焊接时由于温度变化而引起组织变化所产生的应力。

(3) 凝缩应力。在焊接时由于金属熔池从液态冷凝成固态,其体积发生收缩受到限制而形成的应力。

这些应力如果在焊接结束和完全冷却后,仍继续以内应力的形式存在于焊件内部,即成为焊接残余应力。

2. 按应力的作用方向分类

(1) 纵向应力。方向平行于焊缝轴线的应力。

(2) 横向应力。方向垂直于焊缝轴线的应力。

3. 按应力在空间的方向分类

(1) 单向应力。即一个方向的应力。

(2) 两向应力。又称平面应力或双向应力,它是指两个应力存在于焊件同一平面的不同方向上,如较厚板的对接焊缝或薄板上的交叉焊缝中均存在着两向应力。

三、焊接残余变形的分类

焊接热过程是一个不均匀加热的过程,以致在焊接过程中出现应力和变形,焊后便导致焊接结构产生焊接残余应力和焊接残余变形。

焊接残余变形分类,一般可按基本变形形式和焊接结构变形形式划分。按基本变形形式可分为纵向变形、横向变形、弯曲变形、角变形、波浪变形和扭曲变形等几种；按焊接结构变形形式可分为局部变形和整体变形。焊接结构的局部变形是指其某一部分发生的变形，它主要包括角变形和波浪变形两种。这种变形对结构影响较小，也易于矫正。局部变形的形式如图3—1所示。

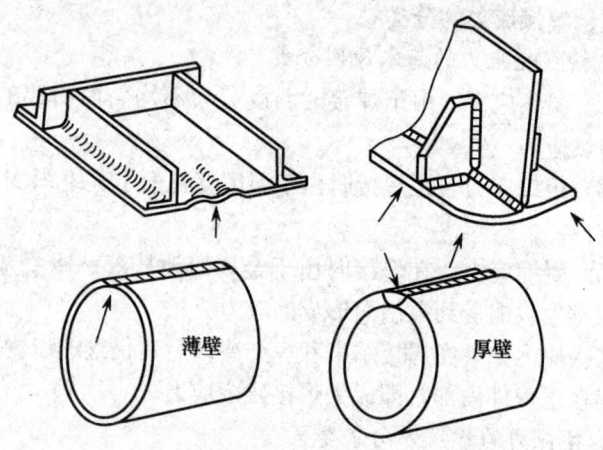

图 3—1　焊接结构局部变形的几种形式

焊接结构的整体变形是指整体发生形状和尺寸的变化，它包括纵向和横向变形、弯曲变形、扭曲变形等，如图 3—2 所示。

1. 纵向及横向变形

（1）纵向变形。焊后产生的纵向变形主要是纵向缩短。焊缝的纵向收缩量一般是随焊缝长度的增加而增加。另外，母材线膨胀系数大，其焊后焊缝纵向收缩量也大。如果焊件在夹具固定的条件下焊接，其收缩量可减小 40%～70%，但焊后将引起较大的焊接应力。

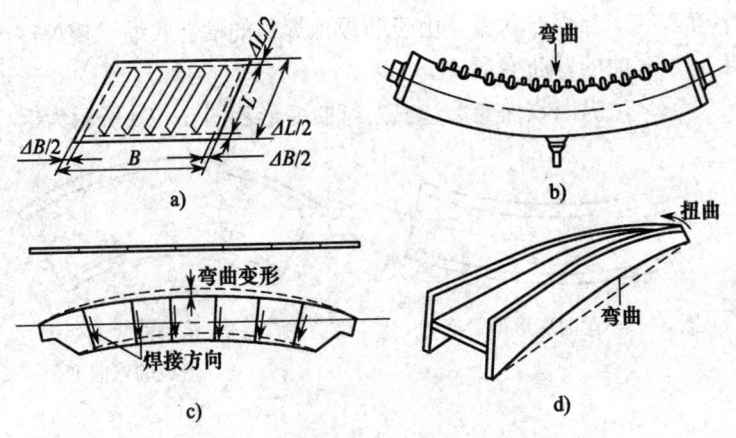

图 3—2 焊接结构的整体变形实例
a) 焊接结构的纵、横向变形 b) 锅炉集箱管座焊后整体变形
c) 桥式起重机主梁腹板对接焊后的整体变形 d) 工字梁焊后的整体变形

(2) 横向变形。焊后产生的横向变形主要是横向缩短。图 3—3 所示为焊件横向温度的分布曲线，由于是不均匀加热，而使焊缝和母材的受热部分在膨胀和冷却收缩时都受到拘束。与纵向焊接变形原因类似，最终导致焊后产生横向缩短。一般对接焊的横向收缩，随着板厚的增加而增加；同样板厚，坡口角度越大，横向收缩量也越大。

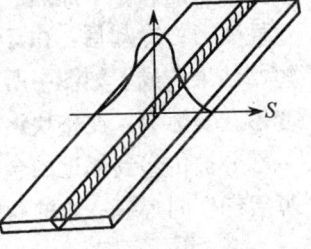

图 3—3 焊件横向温度的分布曲线

2. 弯曲变形

弯曲变形常见于焊接梁、柱、管道等焊件，对这类焊接结构的生产造成较大的危害。弯曲变形的大小以挠度的数值来度量，挠度是焊后焊件的中心偏离原焊件中心轴的最大距离，如图 3—4 所示。挠度越大，即弯曲变形越大。

(1) 由横向收缩变形造成的弯曲变形。图 3—5 所示是一工字梁，其下部焊有肋板，由于肋板角焊缝的横向收缩，使焊件产生向下弯曲的弯曲变形。

（2）由纵向收缩变形造成的弯曲变形。图3—6a所示为钢板

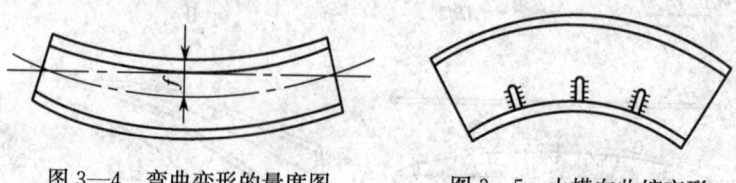

图3—4　弯曲变形的量度图　　　图3—5　由横向收缩变形造成的弯曲变形

单边施焊后产生的弯曲变形，这是由直缝纵向收缩引起总体弯曲变形的一个实例。图3—6b用来说明这类弯曲变形产生的机理，图中一块不太大的焊件，在一边开一条长腰圆形孔，使边缘留下一条较窄的金属条，焊件的加热集中在一个边缘内（图中斜线区域）。假设加热很均匀，而且无热传导，这种情况就如同钢杆在两端固定的状态下加热。在加热时，金属条膨胀受阻，产生压缩塑性变形；冷却后，由于加热区金属力求收缩到比原来的长度短，结果造成了如图中所示的弯曲，这是一种理想情况下的弯曲变形。实际上，在整块钢板边缘施焊时，焊接加热的热量有相当一部分被传递到邻近的金属中去，但是它的基本原理是相似的，焊后产生向焊缝一边的弯曲变形。

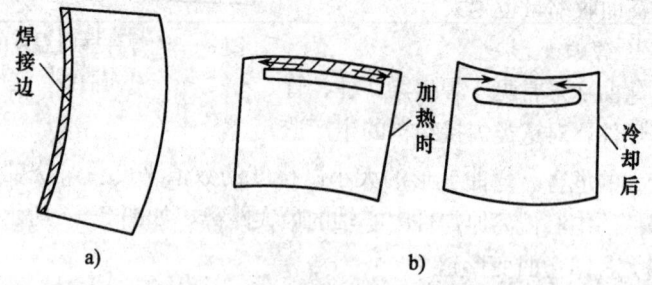

图3—6　由纵向收缩变形造成的弯曲变形

3. 角变形

图 3—7 所示是几种焊接接头的角变形。在焊接（单面）较厚钢板时，在钢板厚度方向上的温度分布是不均匀的，温度高的一面受热膨胀较大，另一方面膨胀小甚至不膨胀。由于焊接面膨胀受阻，出现了较大的横向压缩塑性变形。这样，在冷却时就产生了在钢板厚度方向上收缩不均匀的现象，焊接一面收缩大，另一面收缩小。这种在焊后由于焊缝的横向收缩使得两连接件间相对角度发生变化的变形叫做角变形。

图 3—7 几种焊接接头的角变形

4. 波浪变形

波浪变形（见图 3—8）容易在薄板焊接结构中产生。产生波浪变形的原因有两种：一种是由于薄板结构焊接时，纵向和横向的压应力使薄板失去稳定而造成波浪形的变形，如图 3—8a 所示；另一种原因是由角焊缝的横向收缩，引起角变形而形成。图 3—8b 所示为船体隔舱结构焊后产生的波浪变形。

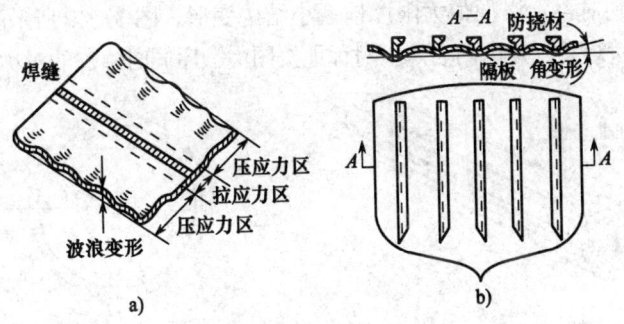

图 3—8 薄板焊接的波浪变形

5. 扭曲变形

扭曲变形如图 3—9 所示。它的产生原因较复杂：装配质量不好，即在装配后焊接前，焊件的位置和尺寸不符合图样的要求；构件的零部件形状不正确，而强行装配；焊件在焊接时位置搁置不当；焊接顺序及方向不当。

通过对上述几种基本变形形式的分析可知，产生焊接残余变形的根本原因是焊后的纵向和横向应力造成的。

四、控制焊接残余变形的措施

1. 选择合理的装焊顺序

焊接结构的装焊顺序将给结构的变形带来较大的影响。所以，采用合理的装焊顺序，对于控制焊接残余变形尤为重要。一般是先总装后焊接。对于那些不能先总装后焊接的结构，也应选择合理的装焊顺序，以达到控制变形的目的。

2. 采用不同的焊接方向和顺序

（1）对称焊接。由于焊接总有先后，而且随着焊接过程的进行，结构的刚度也在不断地提高。所以，一般先焊的焊缝容易使结构产生变形。这样，即使焊缝对称的结构，焊后也会出现变形的现象。对称焊接的目的，是用来克服或减少由于先焊焊缝在焊件刚度较小时造成的变形。对实际上无法完全做到对称地、同时地进行焊接的结构，可允许焊缝焊接有先后，但在顺序上应尽量做到对称，以便最大限度地减小结构变形。图 3—10 所示的圆筒体对接焊缝，是由两名焊工对称地按图中顺序同时施焊的对称焊接。

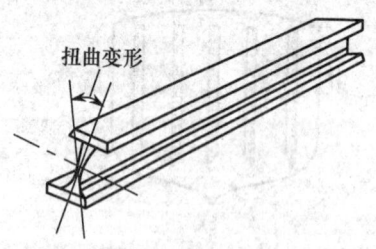

图 3—9　工字梁的扭曲变形

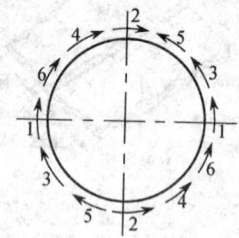

图 3—10　圆筒体对称焊接顺序

(2) 不对称焊缝。对于不对称焊缝的结构，采用先焊焊缝少的一侧，后焊焊缝多的一侧。使后焊的变形足以抵消先焊一侧的变形，以使总体变形减小。如图 3—11a 所示为压力机的压型上模结构，由于其焊缝不对称，将出现总体下挠弯曲变形（即向焊缝多的一侧弯曲）。双人焊时，可按图 3—11b、c、d 的顺序施焊。焊后焊缝多的一侧 2、2′以及 3、3′，它们的收缩足以抵消先前 1、1′产生的上拱变形，同时由于先前结构的刚度已增大，也不致使整个结构产生下挠弯曲变形。当只有一个焊工操作时，可按图 3—11e 所示的顺序进行船形位置的焊接，这样焊后变形最小。

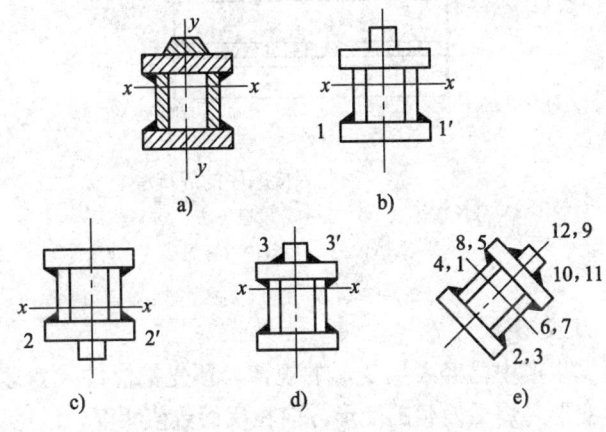

图 3—11　压型上模及其焊接顺序

(3) 采用不同的焊接顺序。对于结构中的长焊缝，如果采用连续的直通焊，将会造成较大的变形。如果将连续焊改成分段焊，并适当地改变焊接方向，以使局部焊缝造成的变形适当减小或相互抵消，以达到减少总体变形的目的。图 3—12 所示为对接焊缝采用不同焊接顺序的示意图，分段退焊法、分中分段退焊法、跳焊法和交替焊法，常用于长度为 1 m 以上的焊缝；长度为 0.5～1 m 的焊缝可用分中对称焊法。交替焊法在实际上较少使用。退焊法和跳焊法的每段焊缝长度一般为 100～350 mm 较为适宜。

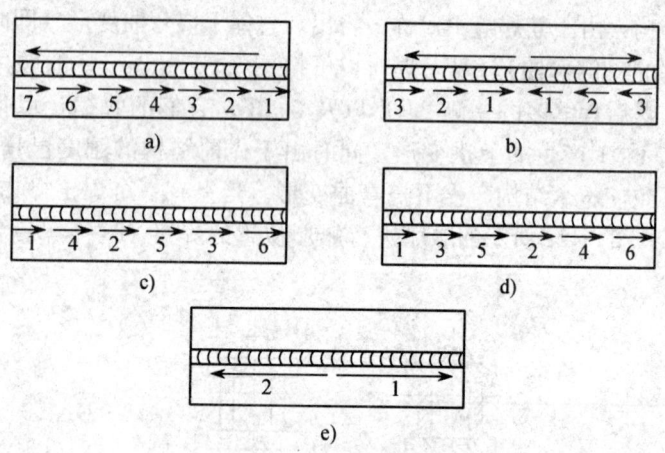

图 3—12　不同焊接顺序的焊接法
a) 分段退焊法　b) 分中分段退焊法　c) 跳焊法
d) 交替焊法　e) 分中对称焊法

3. 反变形法

根据生产中已经发生变形的规律，预先把焊件人为地变形，使这个变形与焊后发生的变形方向相反而数值相等，以达到防止产生残余变形的方法称为反变形法。

图 3—13 所示为工字梁的反变形焊接。如图 3—13a 所示，焊后工字梁上、下盖板会出现角变形。为减少焊后校正的工作量，可在焊前先将盖板预制成反变形（压制而成），如图 3—13b 所示，其反变形量应与其焊后变形量相等。然后按图 3—13c 所示的装配角度和焊接顺序进行埋弧自动焊，这样便能较大程度地防止焊后变形。

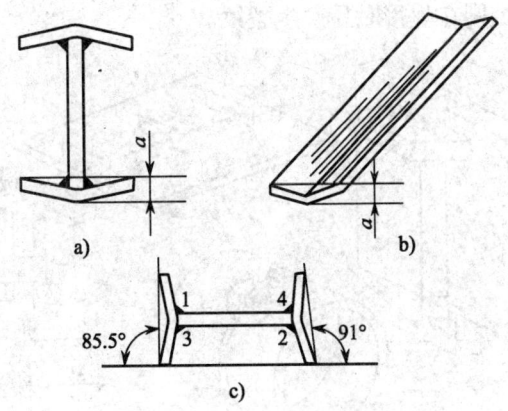

图 3—13　工字梁的反变形焊接法

4. 刚度固定法

刚度固定法的实质是在焊接时,将焊件固定在具有足够刚度的基础上,使焊件在焊接时不能移动,在焊件完全冷却以后再将其放开,这时焊件的变形要比在自由状态下焊接时所发生的变形小。

图 3—14、图 3—15 所示为不同焊接结构,采用刚度固定法的实例。

5. 散热法

散热法又称强迫冷却法,是把焊接处的热量迅速散走,使焊缝附近金属受热区域大大减小,以达到减小焊接变形的目的。图 3—16a 为将工件浸入水中进行焊接;图 3—16b 为喷水冷却焊接;图 3—16c 为用水冷紫铜板散热焊接。但散热法不适用于具有淬火倾向

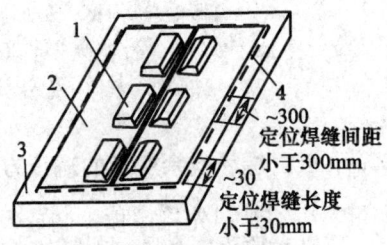

图 3—14　薄板焊接的刚度
　　　　　固定法
1—压铁　2—焊件
3—平台　4—定位焊

的钢板,否则在焊接时易产生裂纹。

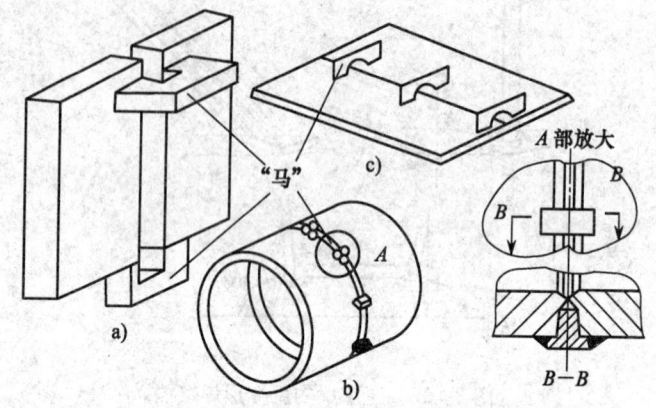

图 3—15 钢板对接焊时的加"马"刚性固定

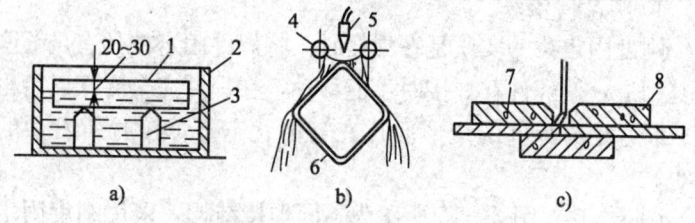

图 3—16 散热法焊接举例
a) 厚板电渣焊对接 b) 厚板环缝对接 c) 一般平板对接
1—焊件 2—水槽 3—支撑架 4—喷水管 5—焊炬
6—焊件 7—冷却水孔 8—紫铜板

五、焊后残余变形的矫正方法

1. 机械矫正法

机械矫正法是利用机械力的作用来矫正变形,图 3—17 所示为工字梁焊后变形的机械矫正。对于低碳钢的结构,可在焊后直接应用此法矫正;对于一般合金结构钢的焊接结构,焊后必须进行消除应力处理后才能机械矫正,否则不仅矫正困难,而且易产生断裂。

对于薄板波浪变形的机械矫正，应采用锤打焊缝区的拉伸应力段。因为拉伸应力区的金属，经过锤打被延伸了，即产生了塑性变形，减小了对薄板边缘的压缩应力，从而矫正了波浪变形。在锤打时，必须垫上平锤，以免出现明显的锤痕。

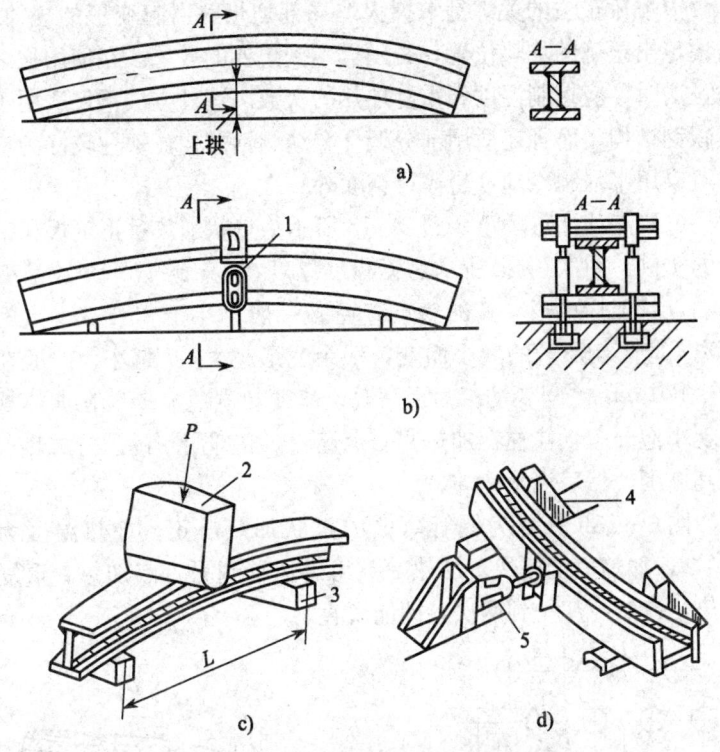

图 3—17 工字梁焊后变形的机械矫正
a) 拱曲焊件 b) 用拉紧器拉 c) 用压头压 d) 用千斤顶顶
1—拉紧螺旋 2—压头 3—支撑 4—支撑架 5—千斤顶

2. 火焰矫正法

火焰矫正法是采用氧—乙炔火焰或其他气体火焰（一般采用中性焰），以不均匀加热的方式引起结构变形，来矫正原有的残余变形。具体方法是将变形构件的局部（变形处），加热到 600～800℃，此时钢板呈褐红色至樱红色，然后让其自然冷却或强制冷却，使这些局部在冷却后产生收缩变形来抵消原有的变形。

火焰矫正法的关键是掌握火焰局部加热时引起变形的规律，以便定出正确的加热位置，否则得不到想要的效果。在使用火焰矫正法时，应控制温度和重复加热的次数。这种方法不仅适用于低碳钢结构，而且还适用部分低合金结构钢结构，塑性较好的材料可以用水强制冷却（易淬火钢除外）。

（1）点状加热矫正。图 3—18 所示为点状加热矫正钢板和钢管的实例。图 3—18a 所示为钢板（厚度在 8 mm 以下）波浪变形的点状加热矫正，其加热点直径 d 一般不小于 15 mm，点间距离 l 应随变形量的大小而变，残余变形越大，l 越小，一般在 50～100 mm 之间变动。为提高矫正速度和避免冷却后在加热处出现小泡凸起，往往在加热完一个点后，立即用木锤锤打加热点及其周围，然后浇水冷却。

图 3—18b 所示为钢管弯曲的点状加热矫正。加热温度为 800℃，加热速度要快，加热一点后迅速移到另一点加热。重复加热，自然冷却一到两次，即能矫直。

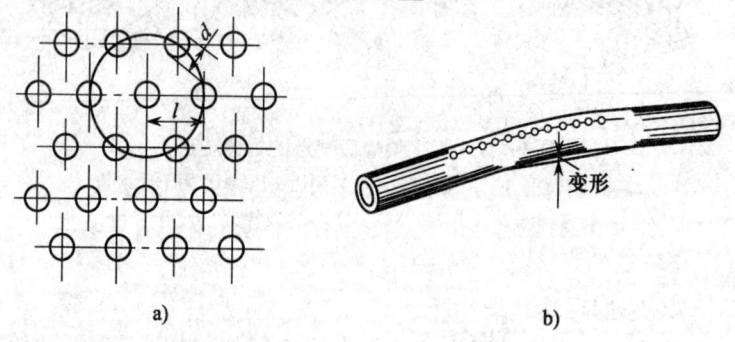

图 3—18　点状加热矫正
a）钢板的点状加热　b）钢管的点状加热

(2) 线状加热矫正。火焰沿着直线方向或者同时在宽度方向做横向摆动的移动，形成带状加热，均称线状加热。图 3—19 为线状加热的几种形式。在线状加热矫正时，加热线的横向收缩大于纵向收缩，加热线的宽度越大，横向收缩也越大。所以，在线状加热矫正时要尽可能发挥加热线横向收缩的作用。

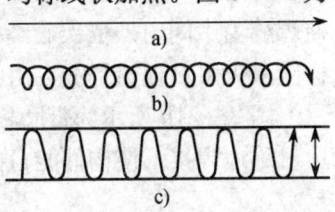

图 3—19 线状加热的形式
a) 直通加热 b) 链状加热
c) 带状加热

(3) 三角形加热矫正。三角形加热即加热区呈三角形。加热的部位是在弯曲变形构件的凸缘，三角形的底边在被矫正构件的边缘，顶点朝内，如图 3—20 所示。由于加热面积较大，所以收缩量也较大，尤其在三角形底部。可用多个焊炬同时加热，并根据结构和材料的具体情况，可再加外力或用水急冷。这种方法常用于矫正厚度较大、刚度较强构件的弯曲变形。

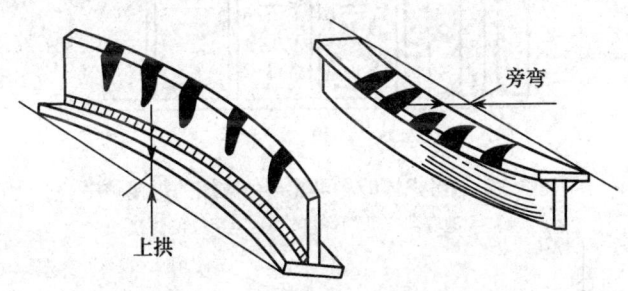

图 3—20 T字梁的三角形加热矫正

六、控制焊接残余应力的措施

1. 选择合理的焊接顺序

（1）尽可能考虑焊缝能自由收缩。减少焊接结构在施焊时的拘束度，最大限度地减少焊接应力。

图 3—21a 所示为一大型容器底部,它是由许多平板拼接而成。考虑到焊缝能自由收缩的原则,焊接应从中间向四周进行,使焊缝由中间向外依次收缩(焊接顺序见图中所标的数字),这样能最大限度地让焊缝自由收缩,以减少焊接应力。

图 3—21b 所示为带肋板的工字梁的焊接顺序,同时逐格两边对称地焊接,使构件能自由收缩,焊接应力便会大大减小。

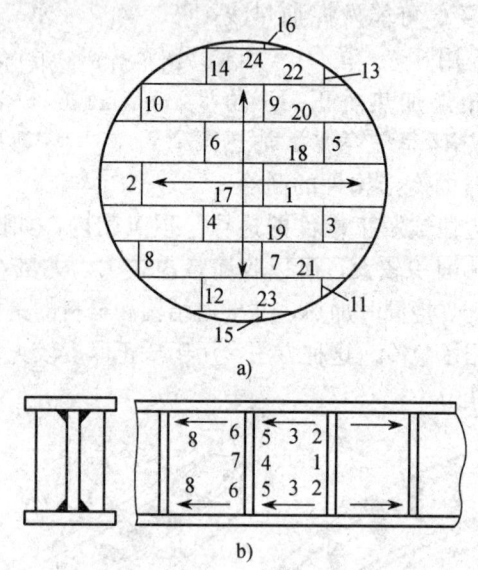

图 3—21 考虑焊缝尽可能自由收缩的焊接顺序
a) 大型容器底部的焊接 b) 工字梁的焊接

(2) 先焊收缩量最大的焊缝。将收缩量大,焊后可能产生较大焊接应力的焊缝,置于先焊的地位,使它能在拘束度较小的情况下收缩,以减小焊接残余应力。如对接焊缝的收缩量比角焊缝的收缩量大,故同一构件中应先焊对接焊缝。

(3) 焊接平面交叉焊缝时,先焊横向焊缝,这主要是保证横向焊缝在焊后有自由收缩的可能。图 3—22a 所示为 T 字焊缝的焊接顺序，图 3—22b 所示为十字交叉焊缝的焊接顺序。注意在施焊时必须保证焊缝交点处的焊接质量，因为该处的焊接应力较大。

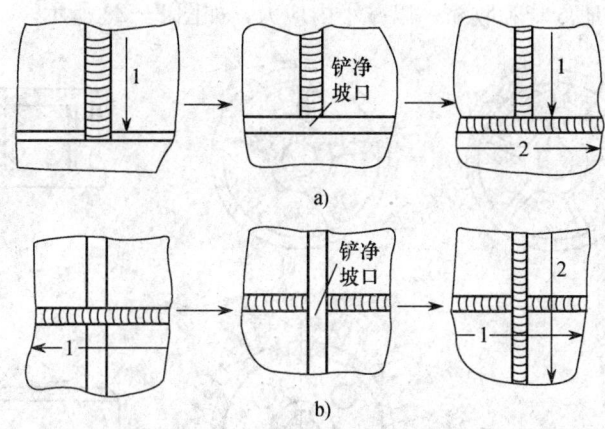

图 3—22 交叉焊缝的焊接顺序
a) T字焊缝的焊接顺序 b) 十字交叉焊缝的焊接顺序

2. 选择合理的焊接工艺参数

焊接时应尽可能采用小直径焊条和较小的焊接电流，以减小焊件受热范围，从而减小焊接残余应力。当然，焊接线能量的减小必须视焊件的具体情况而定。

3. 采用预热的方法

预热法是指在焊前对焊件的全部（或局部）进行加热的工艺措施，一般预热的温度在 150～350℃ 之间。其目的是减小焊接区与结构整体的温差，以使焊缝区与结构整体尽可能地均匀冷却，从而减少应力。此法常用于易裂材料的焊接。预热温度视材料、结构刚度等具体情况而定。

4. 加热"减应区"法

在焊接或焊补刚度很大的焊接结构时，选择构件的适当部位进行加热使之伸长,然后再进行焊接,这样,焊接残余应力可大大减小。这个加热部位就叫做"减应区","减应区"应是阻碍焊接区自由收缩的部位,加热该部位,实质上是使它能与焊接区近乎均匀地冷却和收缩,以减小内应力,如图3—23所示。

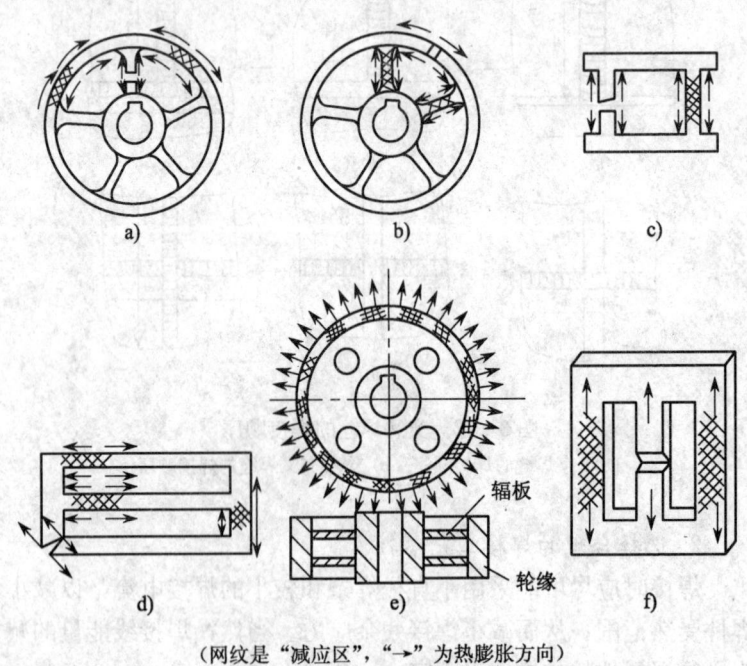

(网纹是"减应区","→"为热膨胀方向)
图3—23 加热"减应区"法

5. 敲击法

焊缝区金属由于在冷却收缩时受阻而产生拉伸应力,如在焊后冷却过程中,用锤子敲击金属,促使它产生塑性变形,以抵消焊缝的一部分收缩量,这样做能起到减小焊接残余应力的作用。实验证明,敲击多层焊第一层焊缝金属,几乎能使内应力完全消失。敲击必须在焊缝塑性较好的热态时进行,以防止因敲击而产生裂纹。另外,为保持焊缝表面的美观,一般不锤击表层焊缝。

七、消除残余应力的方法

1. 去应力热处理

钢结构常用的消除焊接残余应力的方法是采用焊后热处理,把焊件的整体或局部均匀加热至材料相变点以下的某一温度范围(一般为550~650℃),经一定时间保温,此时,金属虽未发生相变,但在此温度下,其屈服极限降低,内部由于残余应力的作用而产生一定的塑性变形,使应力得以消除(一般在80%~90%以上)。然后再均匀、缓慢地冷却。这种方法还可改善焊缝热影响区的组织和性能。这种热处理方法就叫做消除应力热处理。图3—24所示为某产品消除应力热处理的工艺曲线。

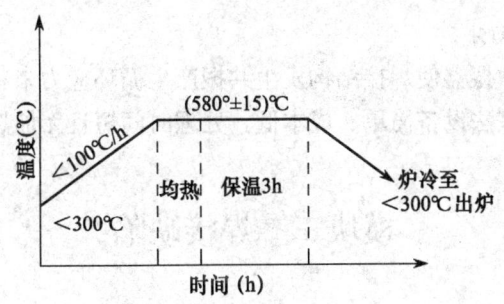

图3—24 某产品消除应力热处理的工艺曲线

2. 机械拉伸法

即对焊件施加载荷,使焊缝区产生塑性拉伸,以减少其原有的压缩塑变,从而降低或消除应力。如压力容器的水压试验。

3. 温差拉伸法

利用温差使焊缝两侧金属受热膨胀以对焊缝区进行拉伸,使其产生拉伸塑变以抵消原有的压缩塑变,从而减少或消除应力,如图3—25所示。该法适用于焊缝较规则,厚度在40 mm以下的板壳结构。

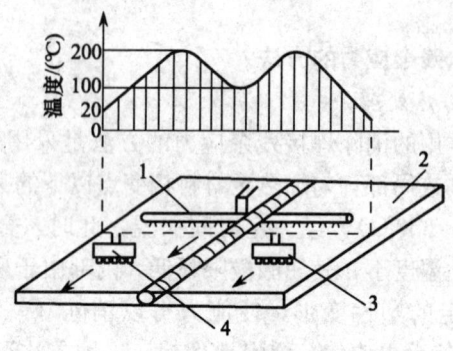

图 3—25 温度拉伸法示意图
1—喷水排管 2—焊件 3、4—氧乙炔焰炬

4. 振动法

通过激振器使焊接结构发生共振产生循环应力来降低或消除内应力。该法设备简单、成本低，处理时间短且无加热缺陷。

模块二 焊接缺陷

一、焊接缺陷的危害

在焊接过程中，焊接接头产生的不符合设计或工艺文件要求的缺陷，叫做焊接缺陷。严重的焊接缺陷将直接影响到产品结构的安全使用。经验证明，焊接结构的失效、破坏以致发生事故，绝大部分并不是由于结构强度不足，而往往是各种焊接缺陷影响所致。由于焊接工艺自身的特点，要在焊接接头中避免所有缺陷，实际上是不可能的。但是要尽量提高操作技能水平，将焊接缺陷控制在允许的范围内。

焊接缺陷可能出现在焊缝和热影响区中，也可能出现在焊件中，但主要是出现在焊缝中。

二、焊接缺陷

1. 焊缝表面尺寸不符合要求

焊缝表面形状高低不平、焊波宽窄不齐、余高过大或过小、角焊缝焊脚尺寸不等，均属焊缝表面尺寸不符合要求，如图3—26所示。

(1) 产生原因

1) 焊接技术不熟练，焊条送进和移动速度不均匀，运条手法不正确；焊条与焊件夹角太大或太小，焊接时焊工的手不稳等。

2) 焊件坡口开得不当，如用手工气割割出的坡口，其平直度、坡口角度往往达不到要求。

3) 焊件装配质量不高，如产生错边、装配间隙不均匀等。

4) 焊接工艺参数选择不当，如焊接电流过大或过小，电弧电压过高或过低。

5) 焊缝位置可达性不好，焊工不能灵活地运条。

6) 焊工护目遮光镜片遮光号太大，焊工看不清焊接位置。

(2) 防止措施

1) 加强练习，努力提高焊工的操作技能水平。

2) 尽量采用金属切削方法加工焊件的坡口面，如用刨边机刨直缝、立式车床车环缝等。

3) 提高装配质量，推广使用工、夹、模具装配焊件。

4) 选择适当的焊接工艺参数，在焊机上装设电流表和电压表，以保证所选用工艺参数的正确性。

5) 改进设计，改善焊缝位置的可达性。

6) 正确选用护目遮光镜片的遮光号。

2. 夹渣

焊后残留在焊缝中的熔渣，叫做夹渣，如图3—27所示。

(1) 产生原因

1) 前道焊道除渣不干净，如采用E5015碱性焊条时，在焊缝的焊趾处（焊缝和母材的交界处）熔渣较难清除。

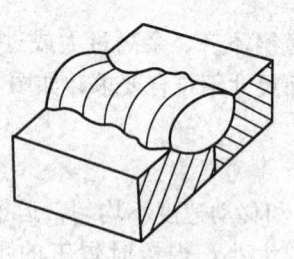
图3—26 焊缝表面尺寸
不符合要求

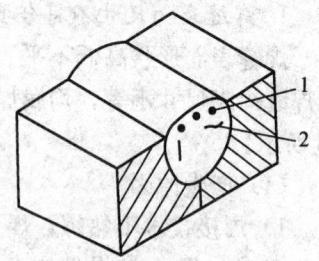
图3—27 夹渣
1—点状夹渣 2—条状夹渣

2）焊条的摆动幅度过宽，使液态熔渣在焊道边缘处凝固。
3）焊条的前进速度不均匀。
4）焊件倾角太大，使熔渣流至电弧之前。
5）在深坡口底层焊接时，因熔渣数量过多而流向电弧的前方。
6）焊条直径太粗，焊接电流太小，使熔渣和铁水分辨不清，搅和在一起。

（2）防止措施

1）在后焊焊道施焊之前，应彻底除渣。如采用角向磨光机等机动工具代替手工工具（錾子）清除焊趾处的熔渣。
2）限制焊条摆动的宽度，使紧邻于熔池后面的熔渣在宽度上都保持熔融状态。
3）保持均匀一致的焊接速度。
4）减小焊件倾角。
5）加大焊条的角度或提高焊接速度，以增加电弧的后吹力，使液态熔渣保持在电弧后面。有可能时可采用上坡焊。
6）采用直径较细的焊条和较大的焊接电流。

3. 气孔

焊接熔池中的气泡在铁水凝固时未能逸出而残存下来所形成的空穴,叫做气孔,如图 3—28 所示。气孔可能出现在焊缝的表面,也可能存在于焊缝的内部。

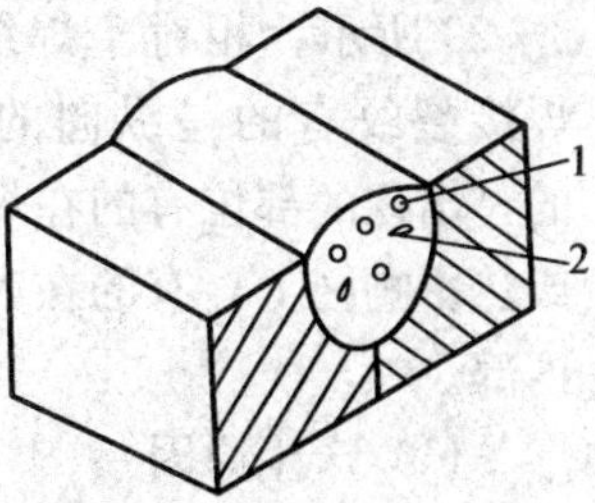

(1) 产生原因

1) 焊件金属表面有锈、油、水分或脏物等。

2) 焊条药皮中水分过大。

3) 焊接电弧长度拉得过长。

4) 焊接电流过大。

5) 焊接速度过快。

图 3—28 气孔
1—圆球状气孔 2—条虫状气孔

6) 使用 E5015 碱性焊条时,电源采用直流正接。

7) 焊接电弧发生偏吹。

(2) 防止措施

1) 用角向磨光机清除焊件表面及焊口内侧的污物,清除宽度应控制在焊口两侧 20 mm 范围内。

2) 严格按工艺要求规定的烘干温度在焊前烘焙焊条。如 E4303 酸性焊条烘干温度为 75~150℃,E5015 碱性焊条烘干温度为 350~450℃,并坚持使用焊条保温筒,务必做到随用随取。

3) 尽量采用短弧焊,特别是在使用碱性焊条时,不要随意拉长电弧。

4) 减小焊接电流,避免焊条末端药皮发红。

5) 降低焊接速度,利用运条动作,加强铁水搅动,使熔池内的气体能顺利地逸出。

6) 采用碱性焊条时,电源一定要接成直流反接。

7) 防止电弧偏吹,不要使用偏心度超过标准的焊条。

4. 焊接裂纹

在焊接应力及其他致脆因素的共同作用下,焊接接头中局部地区的金属原子结合力遭到破坏,形成新界面所产生的缝隙,叫做焊接裂纹。焊接裂纹往往具有尖锐的缺口和大的长宽比,如图3—29所示。相对于焊缝的位置而言,焊接裂纹有的是纵向的,有的是横向的,出现的部位有的在焊缝上、焊趾处或热影响区上,有的在表面,也有的在内部。

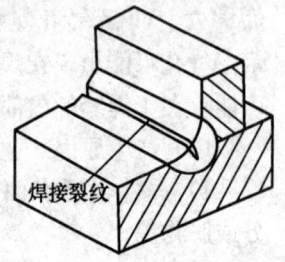

图3—29 焊接裂纹

(1) 产生原因

1) 焊接熔池中含有较多的C、S、P等有害元素,致使在焊缝中生成裂纹,这种焊接裂纹叫做热裂纹。

2) 焊接熔池中含有较多的氢,在焊接过程中向热影响区扩散,致使在焊趾、焊根和热影响区生成裂纹,这种裂纹叫做冷裂纹。

3) 结构刚度大,焊接过程中产生较大的应力。

4) 焊接接头冷却速度太快。如在冬季施焊,室温太低或焊件厚度较大,导致焊缝散热太快。

5) 焊接工艺参数选择不当,若焊接电流太大,形成深而窄的焊缝,这种焊缝中心很容易产生裂纹。

6) 焊道结束时弧坑没有填满,致使弧坑中产生裂纹。

(2) 防止措施

1) 限制焊接原材料中C、S、P的含量。如对H08A焊丝,要求C≤0.10%,S≤0.03%,P≤0.03%。

2) 尽量降低焊接熔池中氢的含量,如焊前做好焊口附近的清洁工作,烘干焊条,使用药皮中含氢量较低的碱性焊条等。

3) 采用合理的焊接顺序和方向,以降低结构刚度。

4) 若环境温度太低,焊前又无条件预热的,不要进行焊接。

5) 正确选择焊接工艺参数。

6) 焊道结束进行收弧时,应采用断弧法,使熔滴填满弧坑,或采用收弧板将弧坑引至焊件外侧。

5. 咬边

由于焊接参数选择不当或操作工艺不正确,而在沿焊趾的母材部位生成的沟槽或凹陷叫做咬边,如图3—30所示。

咬边通常是由于焊接电流太大、弧长过长和焊条摆动速度过快而引起的。横焊或立焊时,焊条直径太粗或焊条角度不正确也能造成咬边。

防止措施是进一步提高操作技能。焊接速度必须满足所熔敷的焊缝金属完全充填于母材所有已熔化的部分。采用焊条摆动操作工艺时,在焊缝的每侧必须稍作停顿,焊接过程中尽量采用短弧焊。

6. 未焊透

焊接时,接头根部未完全熔透的现象,叫做未焊透,如图3—31所示。

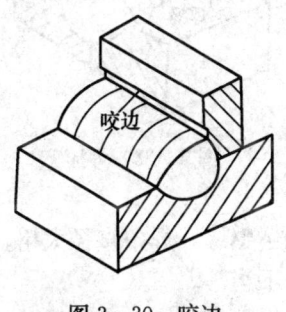
图3—30 咬边

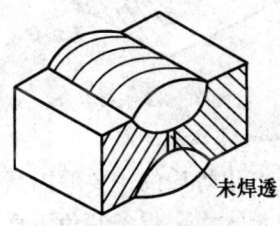
图3—31 未焊透

形成未焊透的原因是焊接速度太快,坡口钝边过厚,坡口角度太小,装配间隙过小,焊条角度不正确使熔池偏于一侧,焊接电流过小,弧长过长,焊接时电弧有偏吹现象等。

防止措施是正确选用和加工坡口尺寸,保证必需的装配间隙和合适的钝边尺寸,还应正确选用焊接电流和焊接速度,焊缝背面清焊根后再进行焊接等。

7. 未熔合

熔焊时，焊道与母材之间或焊道与焊道之间，部分未完全熔化结合，叫做未熔合，如图 3—32 所示。

产生未熔合的原因是层间清渣不干净，焊接电流太小，焊条偏心，焊条摆动幅度太窄等。

防止措施是加强层间清渣，适当增加焊接电流，不使用偏心焊条，操作时注意焊条摆动的幅度等。

8. 焊瘤

焊接过程中，熔化金属流淌到焊缝之外未熔化的母材上所形成的金属瘤叫做焊瘤，如图 3—33 所示。焊瘤经常发生在立焊、横焊和仰焊的焊缝中。

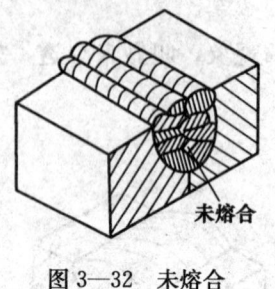
图 3—32 未熔合

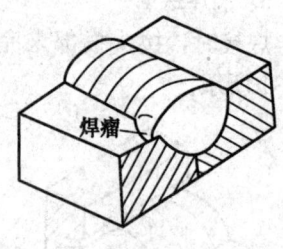
图 3—33 焊瘤

产生焊瘤的主要原因是操作技能不熟练，焊条直径太粗，焊接电流太大，焊条倾角不合适，运条不当等。

防止措施是加强基本功的训练，提高焊工的操作技能。

9. 塌陷

单面熔化焊时，由于焊接工艺选择不当，焊缝金属过量透过背面，而使焊缝正面塌陷、背面凸起的现象叫做塌陷，如图 3—34 所示。

形成塌陷的原因是装配间隙和焊接电流过大。

防止措施是减小装配间隙和焊接电流。

10. 凹坑

焊后在焊缝表面或焊缝背面形成的低于母材表面的局部低洼部分叫做凹坑，如图 3—35 所示。焊缝背面的凹坑通常又叫做内凹。

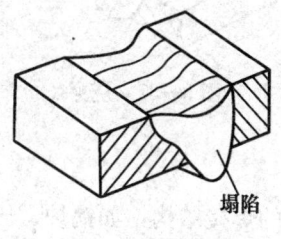

图 3—34　塌陷

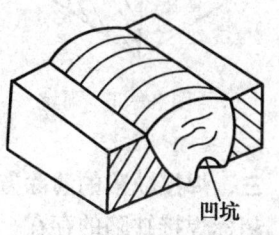

图 3—35　凹坑

产生凹坑的原因是电弧拉得过长，焊条倾角不当和装配间隙过大。

防止措施是压短弧长、调整焊条倾角和适当减小装配间隙。

11. 弧坑

熔焊时，在焊条末端灭弧时的焊缝金属低于焊缝表面的现象叫做弧坑，如图 3—36 所示。

产生弧坑的原因是熔池金属在电弧吹力下向后移动又没有新的填充金属添加所致。

防止措施是采用断续灭弧法或用收弧板，将弧坑引至焊件外面。

12. 烧穿

焊接过程中，熔化金属自坡口背面流出，形成穿孔的缺陷，叫做烧穿，如图 3—37 所示。

产生烧穿的原因是焊件加热过甚。如焊接电流和装配间隙太大，焊接速度过慢以及电弧在焊缝处停留时间过长等。

防止措施是减小焊接电流和适当增加焊接速度，严格控制焊件的装配间隙，并保证这种间隙在整个焊缝长度上的一致性。

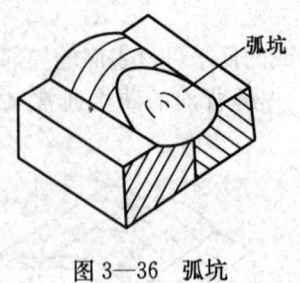 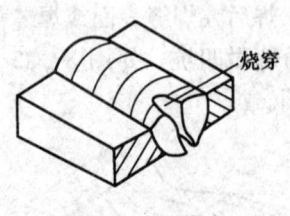

图 3—36 弧坑　　　　　图 3—37 烧穿

三、焊接缺陷的清除方法

超标焊接缺陷的存在，对于重要的焊接结构，如锅炉、压力容器，会影响其安全运行和使用寿命，因此，当发现超过允许值的焊接缺陷，都必须彻底将其清除。

根据产品的材质、缺陷所在部位和大小，焊接缺陷的清除可分别采用碳弧气刨、气割或风铲。

对于低碳钢或屈服强度小于 392 MPa 的普通低合金高强度钢及厚度在 20 mm 以下的 09Mn2V 钢，可采用碳弧气刨或气割的方法来清除缺陷。

当焊缝的缺陷只是局部的、断续的存在时，用碳弧气刨的方法清除较好，若产品的焊缝需整条返修时，可用气割将其割开，并切出坡口，用砂轮修磨平整后，再重新组装焊接。

对于不适合于碳弧气刨和气割的钢材及焊缝，可采用机械加工或手工铲磨的方法来清除焊接缺陷。返修焊道清除缺陷后的坡口表面要呈圆滑过渡，不能有尖锐棱角，如图 3—38 所示。

四、返修焊缝的操作要点

焊接缺陷的返修，包括产品制造过程中的返修以及使用过程中的返修。焊缝返修一般是在产品刚度拘束较大的条件下进行的，返修次数多，会影响产品的质量，故应力求一次返修成功。

焊缝返修的操作要点如下：

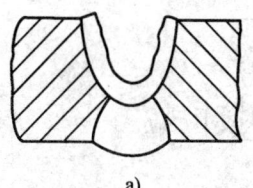 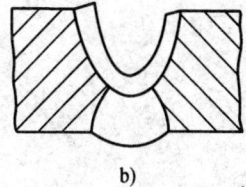

图 3—38 返修焊道坡口的加工
a) 不正确　b) 正确

1. 根据焊缝质量的检验结果，由检验人员对有缺陷的部位做出标记，确定缺陷的性质，并分析产生缺陷的原因，在清除焊缝缺陷后，由经过考试合格、并焊接质量一贯优良的焊工担任焊缝返修工作。

2. 产品焊接时若需要预热，返修时也应在相应预热条件下进行焊接。另外，当返修工作环境温度低于 0℃时，应采取相应的预热措施。

3. 原则上应采用与原产品焊接时同样的焊接材料及焊接工艺进行返修。焊接时，宜采用多层多道、小电流、焊条不摆动焊法，以防止返修部位的焊缝过热或产生过量的变形。

4. 焊补时要严格控制层间温度，注意每道焊缝的起弧与收弧处的焊接质量。同一层焊缝的相接，两焊道间的起弧与收弧处必须相互错开一定距离。每焊完一层后要仔细检查，确保无缺陷后，再焊下一层。

5. 必要时返修部位的焊缝需修磨表面，使其外形与原焊缝外形基本一致，并按原焊缝的探伤要求严格检查。如再发现超标缺陷时，应再次修补，但修补次数不能超过标准规定的允许返修次数。

6. 对要求焊后热处理的焊件，应在热处理前进行返修。如在热处理后还需进行返修时，则返修后应重新进行热处理。

7. 焊缝缺陷的清除和焊补，都不允许在带压或承载状态下进行。

模块三　焊接检验

一、焊接检验的种类

焊接检验内容包括从图样设计到产品制出整个生产过程中所使用的材料、工具、设备、工艺过程和成品质量的检验，分为三个阶段：焊前检验、焊接过程中的检验、焊后成品的检验。根据对产品是否造成损伤，检验方法可分为破坏性检验和无损探伤检验两类。

1. 焊前检验

焊前检验包括原材料（如母材、焊条、焊剂等）的检验、焊接结构设计的检查等。

2. 焊接过程中的检验

包括焊接工艺规范的检验、焊缝尺寸的检查、夹具情况和结构装配质量的检查等。

3. 焊后成品的检验

焊后成品检验的方法很多，常用的有以下几种：

（1）外观检验。焊接接头的外观检验是一种简便而又应用广泛的检验方法，是成品检验的一项重要内容，主要是发现焊缝表面的缺陷和尺寸上的偏差。一般通过肉眼观察，借助标准样板、量规和放大镜等工具进行检验。若焊缝表面出现缺陷，焊缝内部便有存在缺陷的可能。

（2）致密性检验。储存液体或气体的焊接容器，其焊缝的不致密缺陷，如贯穿性的裂纹、气孔、夹渣、未焊透和疏松组织等，可用致密性试验来检验。致密性检验方法有煤油试验、载水试验、水冲试验等。

（3）受压容器的强度检验。受压容器，除进行密封性试验外，还要进行强度试验。常见有水压试验和气压试验两种。它们都能检验在压力下工作的容器和管道的焊缝致密性。气压试验比水压试验更为灵敏和迅速，同时试验后的产品不用排水处理，对于排水困难的产品尤为适用。但气压试验的危险性比水压试验大。进行试验时，必须遵守相应的安全技术措施，以防试验过程中发生事故。

(4) 物理方法的检验。物理方法检验是利用一些物理现象进行测定或检验的方法。材料或工件内部缺陷情况的检查，一般都是采用无损探伤的方法。目前的无损探伤有射线探伤、超声波探伤、磁力探伤、渗透探伤等。

1) 射线探伤。射线探伤是利用射线可穿透物质和在物质中有衰减的特性来发现缺陷的一种探伤方法。按探伤所使用的射线不同，可分为 X 射线探伤、γ 射线探伤、高能射线探伤三种。由于其显示缺陷的方法不同，每种射线探伤又分电离法、荧光屏观察法、照相法和工业电视法。射线检验主要用于检验焊缝内部的裂纹、未焊透、气孔、夹渣等缺陷。

2) 超声波探伤。超声波在金属及其他均匀介质传播中，由于在不同介质的界面上会产生反射，因此，可用于内部缺陷的检验。超声波可以检验任何焊件材料、任何部位的缺陷，并且能较灵敏地发现缺陷位置，但对缺陷的性质、形状和大小较难确定。所以，超声波探伤常与射线探伤配合使用。

3) 磁力探伤。磁力探伤是利用磁场磁化铁磁金属零件所产生的漏磁来发现缺陷的。按测量漏磁方法的不同，可分为磁粉法、磁感应法和磁性记录法，其中磁粉法应用最广。

磁力探伤只能发现磁性金属表面和近表面的缺陷，而且对缺陷仅能做定量分析，对于缺陷的性质和深度也只能根据经验来估计。

4) 渗透探伤。渗透探伤是利用某些液体的渗透性等物理特性来发现和显示缺陷，包括着色检验和荧光探伤两种，可用来检查铁磁性和非铁磁性材料表面的缺陷。

二、焊缝检验方法

1. 焊缝外观检查

焊后，将焊缝表面的熔渣清理干净后，用肉眼或低倍放大镜检查焊接接头处有无外部可见缺陷，如外表存在气孔、表面裂纹、咬边、内凹、弧坑和烧穿等，再用焊缝万能量规检查焊缝表面的几何尺寸，如焊缝余高及余高差、焊缝宽度及宽度差、焊脚尺寸等。

2. 无损检验

（1）射线探伤。采用 X 射线或 γ 射线照射焊接接头检查内部缺陷的无损检验法，叫做射线探伤，射线探伤原理如图 3—39 所示。

1) 缺陷性质的辨别。射线通过不同厚度或不同材料时，其衰减不同，因而在底片上产生不同程度的明暗影像：母材呈黑色，焊缝呈浅白色，当焊缝中有缺陷时，又出现不同形状、不同深度的暗黑色。

①局部咬边。底片上在焊缝和母材的交界处出现局部黑色条纹，如图 3—40 所示。

②内凹。底片上在焊缝中间出现一条不规则的黑色条纹，如图 3—41 所示。

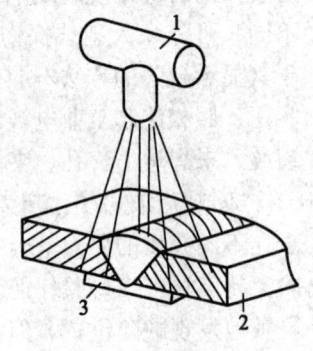

图 3—39 射线探伤原理
1—射线源 2—焊件
3—底片

③裂纹。裂纹在底片上多呈略带曲折的波浪形细条纹，有时也呈直线形细纹，轮廓较分明，中部稍宽、两端较尖细，如图 3—42 所示。

④未焊透。未焊透在底片上呈断续的或连续的黑直线，如图 3—43 所示。

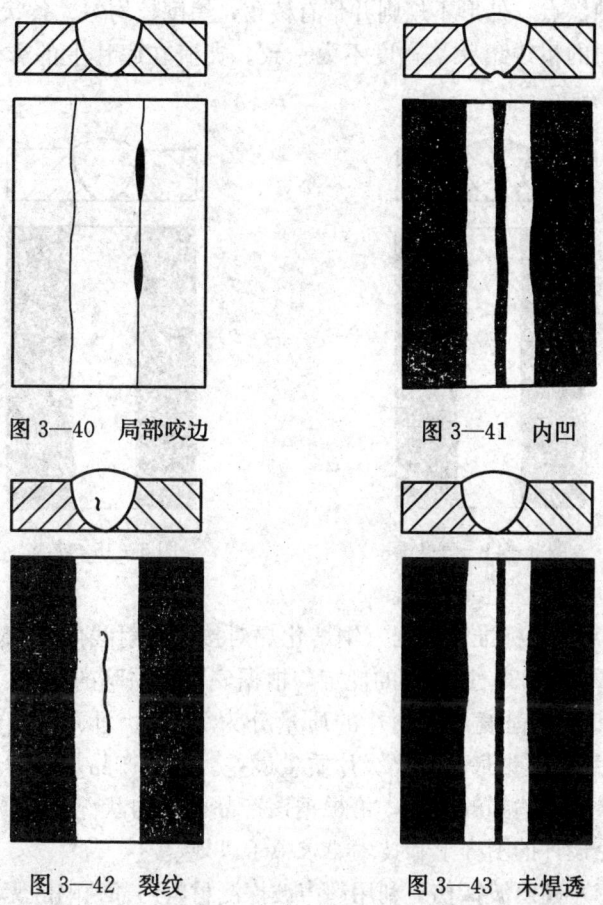

图 3—40 局部咬边　　图 3—41 内凹

图 3—42 裂纹　　图 3—43 未焊透

⑤气孔。手工电弧焊的气孔在底片上多呈黑色圆形或椭圆形,其黑度是中心处较深,并均匀地向边缘减小,形式有密集的、连续的或分散分布的几种。自动焊焊缝中所产生的气孔通常较大,有时直径可达几毫米,黑度也较深。气孔在底片上的影像如图 3—44 所示。

⑥夹渣。夹渣在底片上多呈不同形状的点或条状。点状夹渣

呈单独黑点,外形不规则并带有棱角,黑度较均匀。条状夹渣呈宽而短的粗线条状,宽度不太一致。夹渣在底片上的影像如图3—45所示。

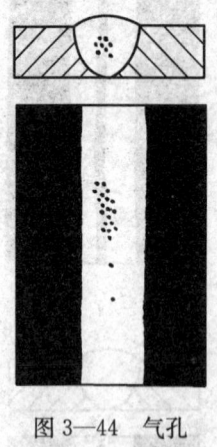

图3—44 气孔

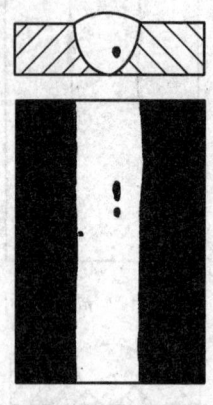

图3—45 夹渣

2)质量标准。根据《钢熔化焊对接接头射线照相和质量分级》(GB 3323—1987)的规定,根据底片上缺陷的性质、形状、大小和密集程度,将底片的质量分为Ⅰ、Ⅱ、Ⅲ、Ⅳ四级,其中,Ⅰ级片质量最高,Ⅳ级片质量最差。各种产品焊缝射线探伤后质量要求达到的等级,可根据该产品的受力状况和工作介质,在产品设计的图样上和技术要求中予以规定。

(2)超声波探伤。利用超声波探测材料内部缺陷的无损检验法,叫做超声波探伤,如图3—46所示。超声波探头发射的超声波,通过耦合剂(油)的作用传播到焊件表面,产生发射脉冲波,另一部分进入焊件内部,在焊件底面又被反射回来,产生底面反射波。若焊件内有缺陷,缺陷上反射回去的超声波在荧光屏上又产生缺陷反射波。根据缺陷反射波的形状、大小和位置,可以间接判断焊接缺陷的性质、大小和位置。

(3)磁粉探伤。利用在强磁场中,铁磁性材料表层缺陷产生的漏磁场吸附磁粉的现象而进行的无损检验法，叫做磁粉探伤，如图3—47所示。

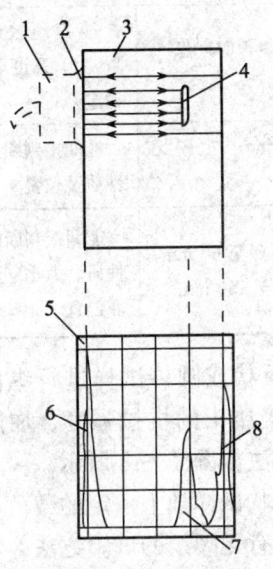
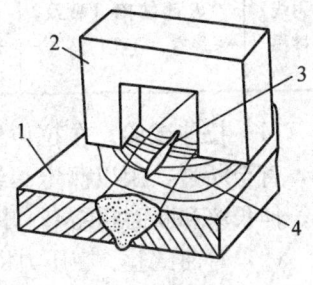

图3—46 超声波探伤原理
1—超声波探头 2—耦合剂（油）
3—焊件 4—缺陷 5—超声波荧光屏
6—发射脉冲波 7—缺陷反射波
8—底面反射波

图3—47 磁粉探伤原理
1—焊件 2—磁铁 3—缺陷
4—磁力线

磁粉探伤时，将焊件放至两磁极之间，焊缝上撒上铁粉，则在铁粉聚集处的下面，就是焊接缺陷。

三种无损检验方法的比较，见表3—1。

3. 力学性能试验

将被试验的焊接接头（或焊缝）按规定要求制成各种形状的试样，在专门的设备上进行拉伸、弯曲和冲击等试验，以测定焊接接头（或焊缝）的强度、塑性、硬度和冲击韧度等性能，叫做力学性能试验。

表 3—1　　　　　三种无损检验方法的比较

检验方法	能探测的缺陷	检验厚度	质量判断
磁粉探伤	表面及近表面的缺陷（微裂纹、未焊透、气孔）	表面及近表面深度不超过 5 mm	能判断缺陷位置，但深度不能确定
超声波探伤	内部缺陷（微裂纹、未焊透、气孔）	下限 5 mm，上限无限制	能间接判断缺陷性质及位置
射线探伤	内部缺陷（裂纹、未焊透、气孔、夹渣）	X 射线可探至 60 mm，γ 射线可探至 150 mm	能间接判断缺陷性质、大小、形状和位置

（1）拉伸试验。在拉伸机上将板状或圆棒试样进行纵向拉伸，直至断裂，用以测定焊缝或焊接接头的抗拉强度、屈服强度、伸长率和断面收缩率。其试验方法如图 3—48 所示。

（2）弯曲试验。在压力机上对板状试样加上一定的载荷，使试样弯曲一个角度，检查其拉伸面上有无裂纹的试验方法。弯曲试验方法如图 3—49 所示。

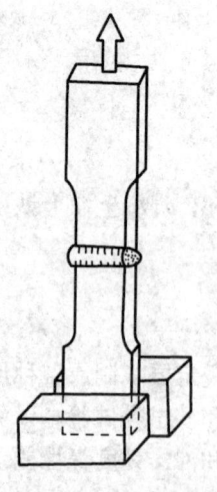

图 3—48　拉伸试验

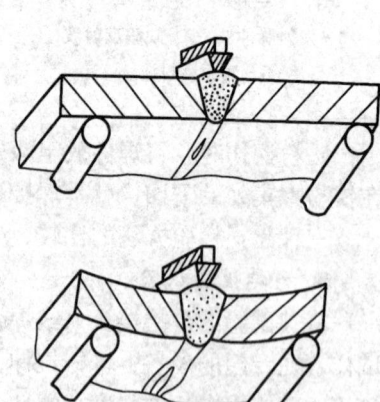

图 3—49　弯曲试验

弯曲试验的目的是检查焊接接头的塑性,同时可反映各区域的塑性差别、暴露焊接缺陷和考核熔合线的质量。弯曲试验可分为如下三种:

面弯——弯曲后焊缝正面成为拉伸面。

背弯——弯曲后焊缝背面成为拉伸面。

侧弯——弯曲后焊缝一个侧面成为拉伸面。

(3) 冲击试验。将加工成长方体的一个试样,在冲击试验机上加上一定的冲击载荷将试样打断,以测定焊接接头的冲击韧度的试验方法,如图3—50所示。

冲击试验的试样中间应开一缺口,便于试验时打断。目前推广使用的是V形缺口试样。缺口位置可分别放在焊缝、熔合线和热影响区三处,以检查测试这三处的冲击韧度。

(4) 硬度试验。用一定形状的压头在静载荷作用下压入材料表面,通过测量压痕的面积或深度来计算硬度。此试验用以测定焊接接头各区域上的硬度。硬度试验方法如图3—51所示。

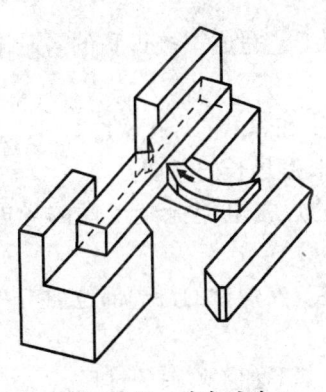

图3—50 冲击试验

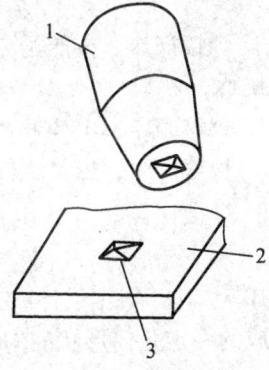

图3—51 硬度试验
1—压头 2—试样 3—表面压痕

附录

焊接一般术语

1. 焊接。通过加热或加压,或两者并用,并且用或不用填充材料,使工件达到结合的一种方法。
2. 焊接技能。手焊工或焊接操作工执行焊接工艺细则的能力。
3. 焊接方法。指特定的焊接方法,如埋弧焊、气保护焊等,其含义包括该方法涉及的冶金、电、物理、化学及力学原则等内容。
4. 焊接工艺。制造焊件所有的加工方法和实施要求,包括焊接准备、材料选用、焊接方法选定、焊接参数、操作要求等。
5. 焊接工艺规范(规程)。制造焊件所有关的加工和实践要求的细则文件,可保证由熟练焊工或操作工操作时质量的再现性。
6. 焊接操作。按照给定的焊接工艺完成焊接过程的各种动作的统称。
7. 焊接顺序。工件上各焊接接头和焊缝的焊接次序。
8. 焊接方向。焊接热源沿焊缝长度增长的移动方向。
9. 焊接回路。焊接电源输出的焊接电流流经工件的导电回路。
10. 坡口。根据设计或工艺需要,在焊件的待焊部位加工并装配成的一定几何形状的沟槽。
11. 开坡口。用机械、火焰或电弧等加工坡口的过程。
12. 单面坡口。只构成单面焊缝(包括封底焊)的坡口。
13. 双面坡口。形成双面焊缝的坡口。
14. 坡口面。待焊件上的坡口表面(见图1)。
15. 坡口角度。两坡口面之间的夹角。

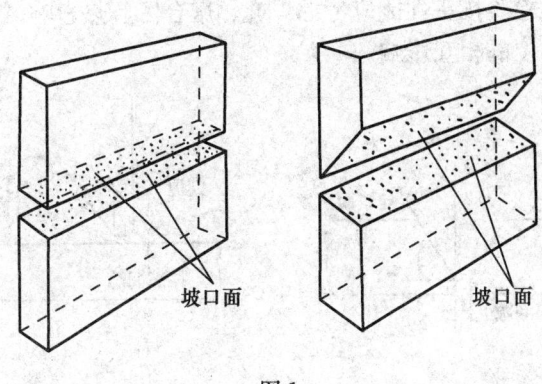

图1

16. 坡口面角度。待加工坡口的端面与坡口面之间的夹角。

17. 接头根部。组成接头两零件最接近的那一部位（见图2）。

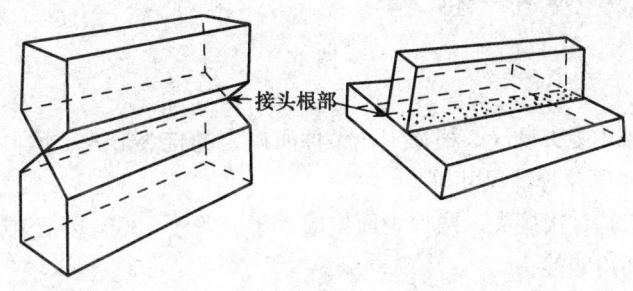

图2

18. 根部间隙。焊前在接头根部之间预留的空隙（见图3）。

19. 根部半径。在J形、U形坡口底部的圆角半径（见图3）。

20. 钝边。焊件开坡口时，沿焊件接头坡口根部的端面直边部分（见图3）。

21. 接头。由两个或两个以上零件要用焊接组合或已经焊合的接点。检验接头性能应考虑焊缝、熔合区、热影响区甚至母材等不同部位的相互影响。

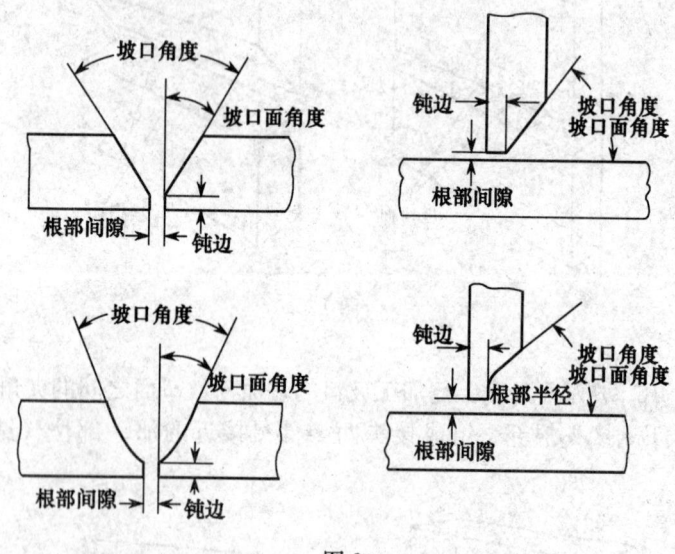

图 3

22. 接头设计。根据工作条件所确定的接头形式、坡口形式和尺寸以及焊缝尺寸等。

23. 对接接头。两件表面构成大于或等于135°，小于或等于180°夹角的接头。

24. 角接接头。两件端部构成大于30°，小于135°夹角的接头。

25. T形接头。一件之端面与另一件表面构成直角或近似直角的接头。

26. 搭接接头。两件部分重叠构成的接头。

27. 十字接头。三个件装配成"十字"形的接头。

28. 端接接头。两件重叠放置或两件表面之间的夹角不大于30°构成的端部接头。

29. 卷边接头。待焊件端部预先卷边，焊后卷边只部分熔化的接头。

30. 套管接头。将一根直径稍大的短管套于需要被连接的两根管子的端部构成的接头。

31. 斜对接接头。接缝在焊件平面上倾斜布置的对接接头。

32. 锁底接头。一个件的端部放在另一件预留底边上所构成的接头。

33. 母材金属。被焊金属材料的统称。

34. 热影响区。焊接或切割过程中,材料因受热的影响(但未熔化)而发生金相组织和机械性能变化的区域。

35. 过热区。焊接热影响区中,具有过热组织或晶粒显著粗大的区域。

36. 熔合区(熔化焊)。焊缝与母材交接的过渡区,即熔合线处微观显示的母材半熔化区。

37. 熔合线(熔化焊)。焊接接头横截面上,宏观腐蚀所显示的焊缝轮廓线。

38. 焊缝。焊件经焊接后所形成的结合部分。

39. 焊缝区。焊缝及其邻近区域的总称。

40. 焊缝金属区。焊接接头横截面上测量的焊缝金属的区域。熔焊时,由焊缝表面和熔合线所包围的区域。电阻焊时,指焊后形成的熔核部分。

41. 定位焊缝。焊前为装配和固定构件接缝的位置而焊接的短焊缝。

42. 承载焊缝。焊件上用做承受载荷的焊缝。

43. 连续焊缝。连续焊接的焊缝。

44. 断续焊缝。焊接成具有一定间隔的焊缝。

45. 纵向焊缝。沿焊件长度方向分布的焊缝。

46. 横向焊缝。垂直于焊件长度方向的焊缝。

47. 环缝。沿筒形焊件分布的头尾相接的封闭焊缝。

48. 螺旋形焊缝。用成卷板材按螺旋形方式卷成管接头后焊接所得到的焊缝。

49. 密封焊缝。主要用于防止流体渗漏的焊缝。

50. 对接焊缝。在焊件的坡口面间或一零件的坡口面与另一零件表面间焊接的焊缝。

51. 角焊缝。沿两直交或近直交零件的交线所焊接的焊缝。

52. 正面角焊缝。焊缝轴线与焊件受力方向相垂直的角焊缝（见图 4）。

53. 侧面角焊缝。焊缝轴线与焊件受力方向相平行的角焊缝（见图 5）。

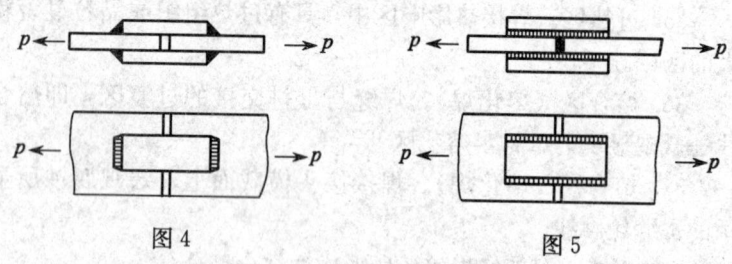

图 4　　　　　　　　　图 5

54. 并列断续角焊缝。T形接头两侧互相对称布置、长度基本相等的断续角焊缝（见图 6）。

55. 交错断续角焊缝。T形接头两侧互相交错布置、长度基本相等的断续角焊缝（见图 7）。

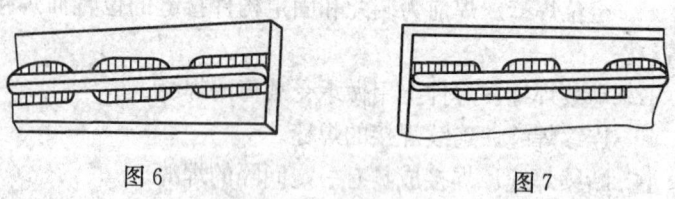

图 6　　　　　　　　　图 7

56. 凸形角焊缝。焊缝表面凸起的角焊缝（见图 8）。

57. 凹形角焊缝。焊缝表面下凹的角焊缝（见图 9）。

58. 端接焊。构成端接接头所形成的焊缝。

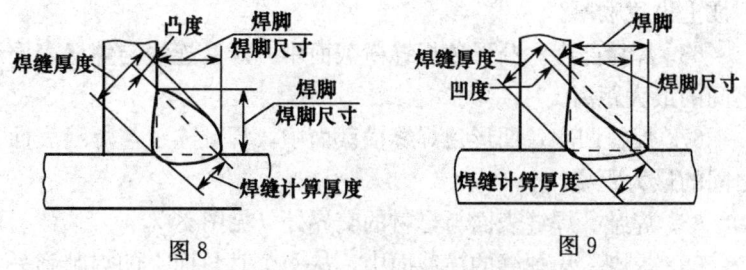

图8　　　　　　　　图9

59. 塞焊缝。两零件相叠，其中一块开圆孔，在圆孔中焊接两板所形成的焊缝，只在孔内焊角焊缝者不称塞焊。

60. 槽焊缝。两板相叠，其中一块开长孔，在长孔中焊接两板的焊缝，只焊角焊缝者不称槽焊。

61. 焊缝正面。焊后从焊件的施焊面所见到的焊缝表面。

62. 焊缝背面。焊后从焊件施焊面的背面所见到的焊缝表面。

63. 焊缝宽度。焊缝表面两焊趾之间的距离（见图10）。

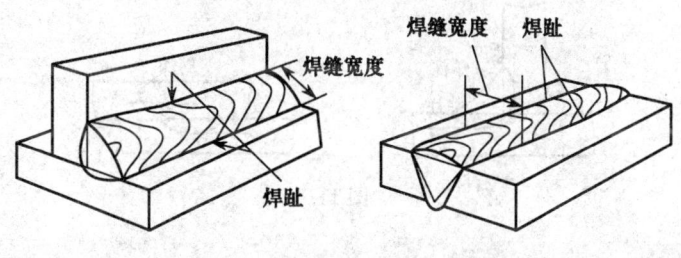

图10

64. 焊缝厚度。在焊缝横截面中，从焊缝正面到焊缝背面的距离。

65. 焊缝计算厚度。设计焊缝时使用的焊缝厚度。对接焊缝焊透时它等于焊件的厚度；角焊缝时它等于在角焊缝横截面内画出的最大直角等腰三角形中，从直角的顶点到斜边的垂线长度，习惯上也称喉厚。

66. 焊缝凸度。凸形角焊缝横截面中,焊趾连线与焊缝表面之间的最大距离。

67. 焊缝凹度。凹形角焊缝横截面中,焊趾连线与焊缝表面之间的最大距离。

68. 焊趾。焊缝表面与母材的交界处(见图10)。

69. 焊脚。角焊缝的横截面中,从一个直角面上的焊趾到另一个直角面表面的最小距离(见图8)。

70. 焊脚尺寸。在角焊缝横截面中画出的最大等腰直角三角形中直角边的长度(见图9)。

71. 熔深。在焊接接头横截面上,母材或前道焊缝熔化的深度(见图11)。

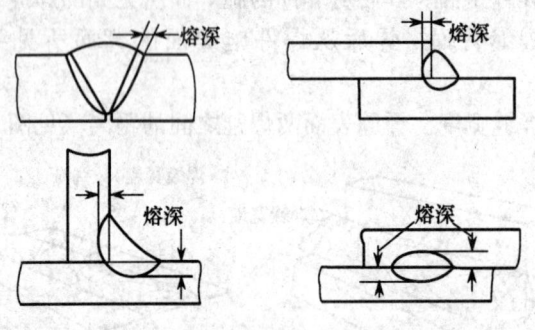

图 11

72. 焊缝成形系数。熔焊时,在单道焊缝横截面上焊缝宽度(B)与焊缝计算厚度(H)的比值($\phi=B/H$)(见图12)。

73. 余高。超出母材表面连线上面的那部分焊缝金属的最大高度(见图13)。

74. 焊根。焊缝背面与母材的交界处(见图14)。

75. 焊缝轴线。焊缝横断面几何中心沿焊缝长度方向的连线。

76. 焊缝长度。焊缝沿轴线方向的长度。

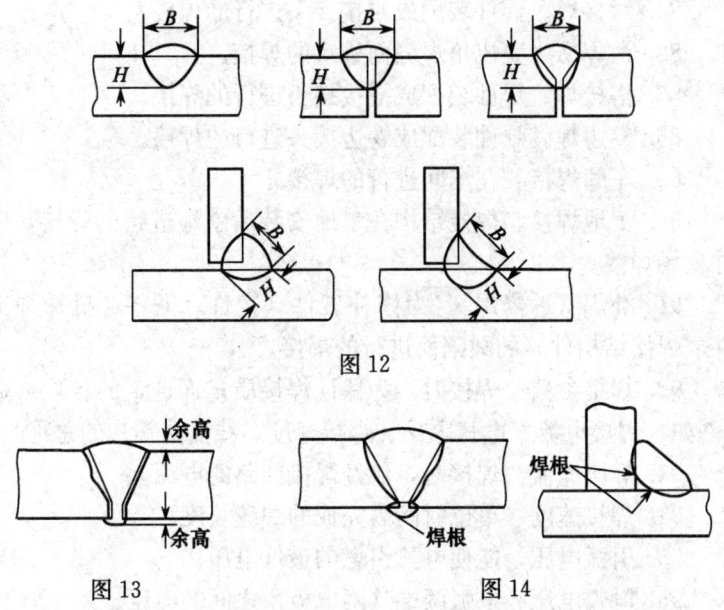

图 12

图 13　　　　　图 14

77. 焊缝金属。构成焊缝的金属。一般指熔化的母材和填充金属凝固后形成的那部分金属。

78. 焊缝符号。在图样上标注焊接方法、焊缝形式和焊缝尺寸等技术内容的符号。

79. 手工焊。手持焊炬、焊枪或焊钳进行操作的焊接方法。

80. 自动焊。用自动焊接装置完成全部焊接操作的焊接方法。

81. 机械化焊接。焊炬、焊枪或焊钳由机械装备夹持并要求随着观察焊接过程而调整设备控制部分的焊接方法。

82. 定位焊。为装配和固定焊件接头的位置而进行的焊接。

83. 连续焊。为完成焊件上的连续焊缝而进行的焊接。

84. 断续焊。沿接头全长获得有一定间隔的焊缝所进行的焊接。

85. 对接焊。焊件装配成对接接头进行的焊接。

86. 角焊。为完成角焊缝而进行的焊接。

87. 搭接焊。焊件装配成搭接接头进行的焊接。

88. 卷边焊。焊件装配成卷边接头进行的焊接。

89. 车间焊接。在车间进行的焊接。

90. 工地焊接。焊接结构在工地安装后就地进行的焊接,也称现场焊接。

91. 补焊(返修焊)。为修补工件(铸件、锻件、机械加工件或焊接结构件)的缺陷而进行的焊接。

92. 焊接参数。焊接时,为保证焊接质量而选定的各项参数(例如,焊接电流、电弧电压、焊接速度、线能量等)的总称。

93. 焊接电流。焊接时,流经焊接回路的电流。

94. 焊接速度。单位时间内完成的焊缝长度。

95. 引弧电压。能使电弧引燃的最低电压。

96. 电弧电压。电弧两端(两电极)之间的电压。

97. 热输入。熔焊时,由焊接能源输入给单位长度焊缝上的热能。

98. 熔化速度。熔焊过程中,熔化电极在单位时间内熔化的长度或质量。

99. 熔化系数。熔焊过程中,单位电流、单位时间内,焊芯(或焊丝)的熔化量 $[g/(A \cdot h)]$。

100. 熔敷速度。熔焊过程中,单位时间内熔敷在焊件上的金属量 (kg/h)。

101. 熔敷系数。熔焊过程中,单位电流、单位时间内,焊芯(或焊丝)熔敷在焊件上的金属量 $[g/(A \cdot h)]$。

102. 合金过渡系数。焊接材料中的合金元素过渡到焊缝金属中的数量与其原始含量的百分比。

103. 熔敷效率。熔敷金属量与熔化的填充金属(通常指焊芯、焊丝)量的百分比。

104. 送丝速度。焊接时，单位时间内焊丝向焊接熔池送进的长度。

105. 保护气体流量。气体保护焊时，通过气路系统送往焊接区的保护气体的流量。通常用流量计进行计量。

106. 焊丝间距。使用两根或两根以上焊丝作电极的电渣焊或电弧焊时，相邻两根焊丝间的距离。

107. 稀释。填充金属受母材或先前焊道的熔入而引起的化学成分含量降低，通常可用母材金属或先前焊道的填充金属在焊道中所占质量比来确定。

108. 预热。焊接开始前，对焊件的全部（或局部）进行加热的工艺措施。

109. 后热。焊接后立即对焊件的全部（或局部）进行加热或保温，使其缓冷的工艺措施。它不等于焊后热处理。

110. 预热温度。按照焊接工艺的规定，预热需要达到的温度。

111. 后热温度。按照焊接工艺的规定，后热需要达到的温度。

112. 道间温度（俗称层间温度）。多层多道焊时，在施焊后继焊道之前，其相邻焊道应保持的温度。

113. 焊态。焊接过程结束后，焊件未经任何处理的状态。

114. 焊接热循环。在焊接热源作用下，焊件上某点的温度随时间变化的过程。

115. 焊接温度场。焊接过程中的某一瞬间焊接接头上各点的温度分布状态，通常用等温线或等温面来表示。

116. 焊后热处理。焊后，为改善焊接接头的组织和性能或消除残余应力而进行的热处理。

117. 焊接性。材料在限定的施工条件下焊接成按规定设计要求的构件，并满足预定服役要求的能力。焊接性受材料、焊接方法、构件类型及使用要求四个因素的影响。

118. 焊接性试验。评定母材焊接性的试验。例如，焊接裂纹试验、接头力学性能试验、接头腐蚀试验等。

119. 焊接应力。焊接构件由焊接而产生的内应力。

120. 焊接残余应力。焊后残留在焊件内的焊接应力。

121. 焊接变形。焊件由焊接而产生的变形。

122. 焊接残余变形。焊后，焊件残留的变形。

123. 拘束度。衡量焊接接头刚度大小的一个定量指标。拘束度有拉伸和弯曲两类：拉伸拘束度是焊接接头根部间隙产生单位长度弹性位移时，焊缝每单位长度上受力的大小；弯曲拘束度是焊接接头产生单位弹性弯曲角变形时，焊缝每单位长度上所受弯矩的大小。

124. 碳当量。把钢中合金元素（包括碳）的含量按其作用换算成碳的相当含量。可作为评定钢材焊接性的一种参考指标。

125. 扩散氢。焊缝区中能自由扩散运动的那一部分氢。

126. 残余氢。焊件中扩散氢充分逸出后仍残存于焊缝区中的氢。

127. 焊件。由焊接方法连接的组件。

128. 焊接车间。以生产焊件为主的车间。

129. 电极。熔化焊时用以传导电流，并使填充材料和母材熔化或本身也作为填充材料而熔化的金属丝（焊丝、焊条）、棒（石墨棒、钨棒）。电阻焊时指用以传导电流和传递压力的金属极。

130. 熔化电极。焊接时不断熔化并作为填充金属的电极。

131. 焊接循环。完成一个焊点或一条焊缝所包括的全部程序。

参 考 文 献

[1] 张士相等. 焊工（初级技能 中级技能 高级技能）. 北京：中国劳动社会保障出版社，2002
[2] 韩国明. 焊接工艺理论与技术（第2版）. 北京：机械工业出版社，2007
[3] 沈惠塘. 焊接技术与高招. 北京：机械工业出版社，2003
[4] 李亚江. 气体保护焊工艺及应用. 北京：化学工业出版社，2005
[5] 李亚江等. 焊接修复技术. 北京：化学工业出版社，2005
[6] 上海市特种设备监督检验技术研究院，上海市特种设备管理协会编. 特种设备焊接技术. 北京：机械工业出版社，2007
[7] 陈倩清. 焊接实训指导. 哈尔滨：哈尔滨工程大学出版社，2007
[8] 王长忠. 高级焊工技能训练. 北京：中国劳动社会保障出版社，2006